Chimica,cheppàlle!

名師這樣教
化學秒懂

國中沒聽懂、從此變天書，
漫畫＋大白話，基礎觀念一次救回來

義大利最受歡迎的化學老師
拉法艾拉·克雷先茨
Raffaella Crescenzi

羅伯托·文森茨
Roberto Vincenzi ── 著　周夢琪 ── 譯

目 錄

推薦序一 圖示化學入門 7 招 50 式／陳竹亭 ……07

推薦序二 營養不變，卻更好消化的化學知識／陳柏憲 ……11

推薦序三 想遊玩化學，先從基礎開始／林厚進 ……15

序 幫你擺脫學化學的無聊枯燥 ……17

第一章 化學：研究物質及其變化規律的科學 ……19

1.0 前言 ……21

1.1 自然元素和人造元素 ……23

1.2 原子的電中性，讓你不會觸電 ……26

1.3　元素，原子序決定了一切 ⋯⋯33

1.4　同位素，原子也有高矮胖瘦 ⋯⋯36

1.5　脾氣不小的離子 ⋯⋯40

1.6　原子的大小你看不見 ⋯⋯42

1.7　原子質量，只要計算質子和中子 ⋯⋯44

1.8　元素的原子質量 ⋯⋯49

1.9　分子──原子的結合 ⋯⋯52

1.10　分子量──原子質量之和 ⋯⋯55

第二章 化學反應，分子不會乖乖待著 ⋯⋯57

2.1　化學反應和化學方程式 ⋯⋯59

2.2　質量守恆──物質不會憑空產生 ⋯⋯63

2.3　莫耳，就像去超市買菜 ⋯⋯67

2.4　1莫耳的物質有多重？ ⋯⋯73

2.5　莫耳和克的換算 ⋯⋯78

2.6　化學式能告訴你所有事情 ⋯⋯81

第三章 氣體：無形狀，但是有體積 ⋯⋯91

3.1　氣體的體積，就是粒子運動的空間 ⋯⋯93

3.2　氣體壓力單位 ⋯⋯95

3.3　理想氣體讓考試更簡單 ⋯⋯98

3.4　萬用公式：pV=nRT ⋯⋯101

3.5　亞佛加厥原理 ⋯⋯105

3.6 莫耳體積：物質在標準情況下的體積 ⋯⋯108

3.7 恆定溫度下，壓力與體積成反比 ⋯⋯109

3.8 溫度升高，壓力和體積都會增加 ⋯⋯112

3.9 熱力學溫標──絕對溫度 ⋯⋯117

3.10 理想氣體方程式 ⋯⋯120

第四章 液體：它的體積不可壓縮 ⋯⋯125

4.1 液體的形狀會隨容器變化 ⋯⋯128

4.2 蒸發：從液體變成氣體的過程 ⋯⋯131

4.3 飽和蒸氣：蒸發凝結達到動態平衡 ⋯⋯133

4.4 分子量越小的物質越容易蒸發 ⋯⋯135

4.5 沸騰：蒸氣壓力與外部壓力相等 ⋯⋯139

4.6 氣壓越低，水的沸點就越低 ⋯⋯142

4.7 蒸餾可以讓海水變成飲用水 ⋯⋯146

4.8 為什麼壓力鍋煮菜比較快？ ⋯⋯149

第五章 固體：有固定的形狀和體積 ⋯⋯151

5.1 固體是靜止不動的嗎？ ⋯⋯153

5.2 固體的性質：延性、展性、硬度 ⋯⋯157

5.3 晶體和非晶質固體 ⋯⋯161

第六章 物態變化，就像在百貨公司搭手扶梯 ……165

6.1 熔化溫度能幫助你判別物質 ……168

6.2 比熱：升高溫度需要的熱量 ……172

6.3 潛熱：為什麼冰塊融化，溫度不會上升？ ……175

6.4 加熱曲線，就像搭手扶梯 ……179

6.5 凝華與昇華：固態與氣態的直接轉化 ……182

第七章 化學溶液：可能是固態、液態或是氣態 ……185

7.1 非均勻混合物：由兩種以上不同相態的物質構成 ……187

7.2 化學溶液：每個分子都均勻混合 ……196

7.3 形成溶液後還能分開嗎？ ……197

7.4 溶劑、溶質、溶解度 ……200

7.5 濃度：溶液中溶質和溶劑的含量 ……203

7.6 飽和溶液：達到最大濃度的溶液 ……209

7.7 氣體的壓力只和數量有關 ……213

7.8 氣體的溶解度 ……216

結語 ……223

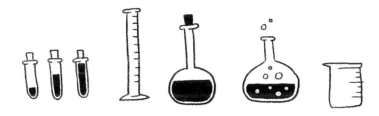

推薦序一
圖示化學入門 7 招 50 式

國立臺灣大學化學系名譽教授 / 陳竹亭

　　化學不好學！又要記、又要算，還有抽象的理論需要弄懂。這是許多學生初次接觸化學課時的共同印象。於是化學老師們都卯起來，摸頭抓腮的想盡辦法，要讓學生看到化學時覺得有趣，又能夠理解。當然最重要的是不能一看就排斥。

　　你聽過化學大廚嗎？或是化學名嘴？甚至是化學漫畫家？

　　這本《名師這樣教 化學秒懂》就是由義大利的知名化學家，用十分貼近生活的語言，以對話的形式，加上趣味漫畫的「圖示化學入門 7 招 50 式」。

　　全書的結構倒是一本正經的涵蓋了化學的入門內容，例如物質的基本性質、化學反應、氣體、液體、固體、物質相態變化及化學溶液等 7 章，總共 50 節。整份目錄看起來還真像是中學化學課本。

　　第一章中的內容有元素、原子、質子、中子、電子、同位素、分子、化合物等，甚至還談到了原子計量的莫耳單位，根

本就是任何化學課本起手式的第一章。但是作者的輕鬆語調，和稍微有點誇張的漫畫，的確可以解除不少學子們排斥化學的心防。

至於書裡面使用的例子還真是五花八門：有廚房的食物，如高壓鍋煮菜、煎牛排、泡咖啡、融化的冰淇淋、奶奶的蛤蠣；擬人的例子如：同位素有高矮胖瘦、脾氣不好的電子或離子；比較誇張的還有形容質子的同電荷互斥，用到了好比公車上旁邊的人腋下有異味而躲開！真是令人哭笑不得。

其實此書的內容，就是化學家一本正經撰寫的化學入門，既非科普，更非科幻。有學生會頭痛的數量級，就是 10 的 n 次方或是 10 的 -n 次方的數字，有看了會緊張的化學式或分子式，甚至是三度空間分子結構，還有化學反應方程式！不過看了漫畫哈哈一笑，所有的困難應該都會迎刃而解、隨風而逝。

化學課本可以當漫畫書看，還照樣能學知識嗎？我想是可以的。我的兒子在童年時不太讀文字書，但是看很多漫畫。到了十歲大時，突然間四字成語朗朗上口。就像他最喜歡用的「世事難料」，原來是看了《三國演義》的漫畫後，被書中的成語潛移默化了。

本書的作者最怕孩子們連書都不碰，一旦他們有興趣，或是好奇的把書拿起來翻看，年輕人與生俱來的學習吸收力自然會克服書本中的困難，容易入口、消化的內容就先下肚了；至於困難的部分就像作者說的，這一部分不應該在我們的基本內

容中，將來自然有學到的機會。

　　學習科學最重要的一環，的確就是「保持學習者的興趣與好奇心」。教師在教材和教法上下功夫，使得學生得以習而不倦，能更進一步主動追究書中深處的道理，甚至能啟發理性的論證和思辨，這就是成功的學習！作者在本書的用心，應該可以獲得讀者合理的回饋。

推薦序二
營養不變，
卻更好消化的化學知識

LiFe 生活化學創辦人／陳柏憲

首先我得在此肯定各位，因為你們正在讀一本與眾不同的化學書！

若你是在書店隨意翻翻，建議你直接用新臺幣帶它回家慢慢品嘗。若你已擁有這本書了，那麼我相信你一定能順利讀完，不會和其他參考書一樣只放在書櫃中供奉著！

老實說，雖然我本人是化學系畢業，但在學生時期，我對化學真的沒有愛。我強烈懷疑學校用的化學課本，都有被偷偷施上催眠魔法，只要一翻開那潘朵拉的課本，就會快速消耗我的意志力。

若比較不幸，遇到沒辦法用學生聽得懂的方式，來說明這些化學原理和機制的老師時，我相信上課的同學們也只是在神遊、放空，甚至直接登入周公 online。就和膳食纖維一樣，即便老師所提供的內容多麼營養、珍貴，但是學生、讀者無法輕易消化吸收，最終只能排出體外（或腦外）……。

正如本書作者所說，科學家都是在將「簡單事務複雜化」的辦公室工作。許多老師非常了解自己的領域，卻少了最重要的因材施教技能。不論臺下的學生們是天才或是蠢材，都該要能讓大家都能聽得懂才是真正厲害的老師！科學要普及的重點，就是要讓更多人了解與引起興趣！

多年來我致力於推廣「生活化學」，希望透過淺顯易懂超白話的文章，讓一般沒有化學相關背景的大眾，也能學習並了解到生活中的化學知識，藉此不要聽到化學兩字就像看到惡魔般恐懼。

我知道許多人在學校都曾被化學考試摧殘過，但拜託請重新給化學一次機會！《名師這樣教 化學秒懂》是一本能快速又輕鬆讀完，同時還能維持內容豐富的「教材」，大家知道這對於基礎化學教材而言有多麼困難嗎？

在學校讀化學課本時很痛苦，但這本書卻能異常輕鬆，主要是因為有很多作者的腦補話和屁話（別誤會，書中真的提到非常多次屁！）。這麼枯燥乏味的硬知識，竟然可以用如此幽默，帶點搞笑的方式來傳達，當然能使讀者更容易吸收。

書中所提到的基礎化學範圍相當廣泛，其中也有提到許多不得不提的公式，但完全有別於傳統的教課書模式：「各位同學，這是理想氣體方程式（$PV = nRT$），不用問為什麼，給我吃了它！背了就會多分！」但會背公式又怎樣？任誰也都會背愛因斯坦的 $E = mc^2$ 公式……。

　　偏偏本書作者就是不想端上一大鍋的十全大補湯，反而是透過介紹不同科學家們的發現，漸漸引導與拼湊出這個方程式，將整鍋湯分成小碗慢慢吃，營養不變卻更好消化。

　　在此也分享幾個本書中我最喜歡的幾個絕妙內容！身為兩位男孩的父親，我完全能理解作者描述的公園中孩子們是氣體、父母是液體，坐在旁邊聊天的長輩是固體是怎樣的混亂場面（神比喻，各大公園的實況就是那樣！）。用百貨公司手扶梯來說明物態變化，又一神比喻！以及未來當他們把家裡搞得一團亂時，我也會催眠自己這全都是「熵」的錯！

　　我相信，你已經準備好要參加一場幽默又愉快的基礎化學之旅了，趕緊出發吧！

推薦序三
想遊玩化學，先從基礎開始

賽先生科學工廠創辦人／林厚進

　　在推廣科普的歷程中，化學的問題往往是最難用直覺去感受與理解的，你隨便拿個 A 加上一個 B，莫名其妙就生出了一個「感覺上」完全不相關的 C，就像有毒的「氯」與加到水裡就會爆炸的「鈉」，怎麼組在一起就變成了我們天天在吃的食鹽「氯化鈉」呢？

　　這個時候我們就必須從基礎化學來開始說起了，如果同樣的問題你拿去問國中老師，他也會再次從基礎化學開始說起，你問大學老師，他也會再跟你從基礎化學說起……就算你問的是體育老師也是一樣的！既然大家都要從基礎化學說起，那為什麼有些人說的我們聽得懂，有些人一說我們就會睡著呢？

　　這也是本書最特別的地方，基礎化學就如同玩電動遊戲前的教學篇章一樣，但是大部分玩遊戲的人們，都只想著趕緊啟程在遊戲中探險，根本沒有人想要在這裡停留。

　　然而本書的作者，將這裡的每個抽象概念都做了生動的舉

例，難度上也非常小心的斟酌，因為他們深知，在這個篇章首要建構的是玩家們對於這個名為「化學」遊戲的宇宙觀，其他更多的操作、更困難的篇章，其實是可以留在後面再慢慢的解鎖與探索。

同時我相信會把推薦序都讀到這裡的你，一定已經花錢買了這本書。為了想要對得起你所花的每一分錢，所以連這部分也不能錯過的仔細閱讀，這也代表了我並沒有左右你要不要買書的這個決定。

萬一你真的還沒買下這本書，我則想強調一下，作者在書中有教大家該如何正確「使用」化學知識，能讓你增加吸引異性的魅力！希望這會使你在猶豫是否要購買這本書時，幫上你的忙。

序

幫你擺脫學化學的無聊枯燥

市面上的初級化學教材五花八門，數量龐大，但是請你相信我們，這本書與眾不同。可能每本書的作者都會這麼說，不過只有在這本書裡，你才能找到：

- 在電梯裡放屁的氣體定律；
- 莫耳定律與逛超市的關係；
- 用百貨公司平面圖展示的物態變化；

- 飽和溶液與奶奶的聖誕午餐；
- 無與倫比的化學元素：鍶。

總之，這不是一本普通的化學書；在你與學校老師推薦的嚴肅刻板化學教科書鬥智鬥勇之餘，這本書可以為你提供一個安定的港灣。在這裡，你可以找到所有你想了解的事情。

也許你會問，這本書到底哪裡不一樣？下面讓我們來告訴你。這本書的任務是幫助你擺脫化學學習的無聊枯燥，讓化學變得有趣，既然如此，何樂而不為呢？

在接下來的內容中，你會學習到基礎的化學知識：關於化學反應、物質狀態變化和溶液的七個章節，以及原子、同位素、分子、莫耳、氣體、液體、固體、物態變化、飽和溶液與溶解度。

如果你感興趣——不，我們不是在開玩笑，這真的可能會發生！你還可以繼續學習剩下的化學知識——比如軌域、化學關係、pH 值、有機化學、生物化學和其他「可怕」的化學知識！

最後，我們祝你玩得愉快。嗯，我們是說……學得愉快！

拉法艾拉・克雷先茨、羅伯托・文森茨

第一章

1.0　前言

1.1　自然元素和人造元素

1.2　原子的電中性，讓你不會觸電

1.3　元素，原子序決定了一切

1.4　同位素，原子也有高矮胖瘦

1.5　脾氣不小的離子

1.6　原子的大小你看不見

1.7　原子質量，只要計算質子和中子

1.8　元素的原子質量

1.9　分子——原子的結合

1.10　分子量——原子質量之和

化學：研究物質及其變化規律的科學

1.0 前言

各位同學，歡迎大家！

你們是不是在思考，買下這本「化學教材」到底對不對呢？

別擔心！讀完這一章的前幾段，你們就會得到想要的答案。

每一本嚴謹的化學教科書都會以這樣一句話開頭：

「化學是研究物質及其變化規律的科學。」

接著硬塞給你們兩個章節（運氣不好也可能是三個），枯燥無味的講述著，數百年前權威科學家們是如何歷經滄桑，不懈的追尋各種理論和定律，為的就是來解釋：當一個倒楣的人在製作檸檬水、洗手、燃放煙火、開完葡萄酒忘記塞回瓶塞，或是家門鑰匙生銹時，會發生什麼現象。

然而一個不變的事實，就是你們始終都還是得學習化學，

而且要學好它，否則你們在學校考試時麻煩可就大了。為了減輕大家學習化學時的痛苦，我們保證，這本書裡絕不會出現平常那種關於化學歷史，索然無味的冗長文章。

我們的確應該對化學定律的起源懷抱著一顆敬重的心，但除此之外我們也沒什麼其他可以做的。儘管作為編者的我倆都做了很久的化學家，甚至還重新仔細檢查了自己的大學畢業證書，但每每讀到化學史的第 5 頁時，我們也總是無可奈何的陷入絕望。

因此，這本書中將會為你們省去這一部分。我們保證！

然而，不幸的是，學校的老師很可能還是會問你們：科學家們是如何發現化學的基本原理的？因此，你們不得不在那些「真正的」化學課本中去學習這些知識。

1.1 自然元素和人造元素

那麼一本合格的化學書，我們該從哪裡開始呢？就從你們已經知道的知識開始！

大家一定都知道「水」，化學家則會寫成 H_2O；而我想你們一定也聽說過二氧化碳（CO_2）。

然後你們也知道有原子、質子和電子，有些人甚至可以說出中子。因此，我將從這裡開始：人類已知的化學元素一共有

多少種？我也能想到你們會回答：大約有一百多種。事實上，目前是 118 種，而其中只有 92 種是自然元素，這意味著它們足夠穩定，甚至在外面散步時都可以遇到。剩下的 26 種元素，是我們在實驗室或核反應爐中人為製造而獲得，且它們幾乎都具有放射性。

不過從現在開始，我們要先把注意力集中在地球上的自然元素，因為 92 種元素已經是一個相當大的範圍。最後一個元素是 92 號鈾元素，但是我們不能抄捷徑，要從頭開始，也就是氫元素（H）。

那麼這些數字到底是什麼呢？從 1 到 92 的排序又有什麼意義呢？到底是誰制定了這個順序？

下面我們會試著來解答這些問題，同時我也要很高興的通知大家一個好消息：你們已經讀完第一章的第一部分啦。

幹得好！

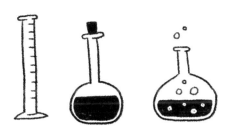

1.2 原子的電中性，讓你不會觸電

　　我相信，學校老師已經在課堂上告訴過你們，這些數字是什麼意思，你們當時是不是在打瞌睡？別擔心，這些數字代表了每個原子中有多少個質子。例如 1 號的氫原子，它就只有一個質子。換句話說，氫原子內部的原子核裡只存在一個質子，很簡單吧！

　　需要注意的是，原子本身是不帶電荷的。如果它們帶有電荷的話，我們周圍的一切物體都會帶電，人們就會一直觸電。

　　但是，氫原子的質子帶有正電荷，我們用 p^+ 來表示，這就是為什麼在氫原子的質子周圍，還存在著一種帶有相同數量負電荷的其他粒子，目的就是要和質子的正電荷相互抵消。

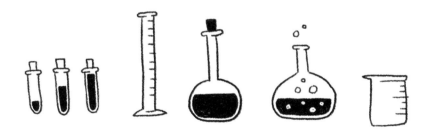

　　這種帶有負電荷的粒子，我們稱之為電子，用 e^- 來表示。因此，氫原子是由一個質子和一個電子組成的，問題解決了！

　　所有這些原理都可以用一種更困難、更無聊的文字來表述，而學會這樣的方式會讓你在課堂上出盡風頭。現在，我就要用這種更無聊、更困難的「化學術語」來向你們解釋。

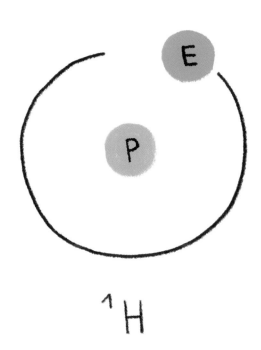

下面我用化學術語說給你們聽：
（也就是老師向學生提問時最想聽到的回答）

原子是電中性的，因為原子中的電子數量與質子數量相等。

別擔心，深呼吸，讓我們來看看數量到底有多少。

原子的質子數量 —— 也就是原子的電子數量 —— 被稱為原子序，用字母 Z 表示。每一種化學元素都是根據原子核中的質子數量來區分的，由此可知，每個鈾（U）原子有 92 個質子。

氫元素的原子核中只有一個質子，如果我們再加一個質子，就創造了一個全新的元素，一個完全不同的元素：氦（He）。

是的，就是氣球裡填充的氣體。

然而，兩個質子間不能靠得太近；你們有沒有試過將同種極性的兩個磁極連接起來？我想是做不到的。再試想一下：當你在擁擠的公車上，一個腋窩下有汗漬的傢伙走到你面前，伸手抓起你身邊的扶手，你是否會本能的迅速彈開？質子靠近質子時就是如此！

走開，壞蛋質子！

下面我用化學術語說給你們聽：
（也就是老師向學生提問時最想聽到的回答）

**　　如果原子核只由質子組成，原子核就會分裂，因為這些質子都帶相同性質的電荷，它們之間會產生斥力。**

　　為了維持我們的宇宙穩定，大自然不得不發明了中子，一種不帶任何電荷的粒子（實際上就是中性的粒子），它能夠平衡質子之間的排斥力，使它們聚集在一起，形成原子核。現在讓我們先忽略中子是如何幫助形成原子核的，因為它不屬於基礎化學的學習範圍。

　　目前，你只需要知道質子和中子之間存在著非常強大的吸引力，但這種吸引力只在非常近的距離內存在，並能夠使原子核得以穩定。

　　由於這種相互的作用，是自然界所有基本力量中最強烈的，於是人們發揮在取名方面的驚人想像力，稱之為強交互作用（strong interaction）。

　　回到人類自己身上，如果有一天，我們計算出每一種化學元素原子核裡的質子和中子的數量時，就會發現一個全新的數字：質量數。

下面我用化學術語說給你們聽：
（也就是老師向學生提問時最想聽到的回答）

質子和中子數的總和被定義為質量數，用字母 A 表示。

你們已經學會了一個可以向朋友們炫耀的新知識：已知任意元素的原子序 Z 和質量數 A，就可以計算出該元素原子所擁有的質子、中子和電子的數量。

例如，氦原子有兩個質子、兩個中子和兩個電子，那麼它的原子序 Z=2，質量數 A=4。

化學可以給我們多大的滿足感啊！

接下來讓我們舉個實際的例子：

假設你們在房子裡四處遊蕩，偶然發現一個元素，它的原子序 Z = 38，質量數 A = 88，那麼這意味著它的每個原子都有 38 個質子、38 個電子和 50 個中子（88 − 38 = 50）。你們想知道自己遇到了哪種元素嗎？親愛的朋友們，是鍶元素（Sr）。

在此，我正式的宣布，在大部分的情況下，我都將把鍶元素作為本章的參考實例；不會再出現無聊的鋰和可充電電池、鈉和水、鉀和香蕉的例子。這將是唯一一本所有的例子都以鍶

元素為基礎的化學書！

接著我想告訴你們一件事，為了維持擁有 38 個質子的鍶原子核穩定，只靠 38 個中子是不夠的，它需要 50 個中子。事實上：原子核中包含的質子數量越多，保持穩定所需的中子也就會越多。

如果我們進一步增加原子序，中子的數量也不得不進一步增加。例如鈾原子，它的原子序 Z = 92，質量數 A = 238，這意味著它需要 146 個中子來穩定它的原子核！

好吧。關於原子的知識，我們就說到這裡。下一個話題。

怎麼樣？你們再也無法將視線從這本書上移開了，是不是？

1.3 元素，原子序決定了一切

我知道，下面的內容你們可能已經有所了解，但是為了確保每個人都能學到，我還是把它編輯到了這本書裡。

下面我用化學術語說給你們聽：
（也就是老師向學生提問時最想聽到的回答）

化學元素是由具有相同原子序的原子組成的，也就是由所有具有「相同質子數」的原子組成。

舉個例子：如果我們非常荒唐的購買了一個很漂亮的鍶元素家具（我說這是荒唐的，因為金屬鍶與空氣接觸極易燃燒，有可能會引發火災），我們就會知道這個物品是由上億個相同的原子組成，而它們都有相同的原子序：38。

所以，如果有人把某種神祕物質帶到你們面前，告訴你們組成它的所有原子都具有相同的原子序 Z = 38，在不需要更多其他資訊的情況下，你們就可以斷定，它肯定是鍶。是不是感到非常神奇！

相信大家也知道鍶的化學符號是 Sr，而如果你們要詳細標出原子中有多少質子和中子，那麼你就得這樣寫：

$$^{88}_{38}\text{Sr}$$

表示質量數 A 的數字寫在化學符號的左上角，表示原子序 Z 的數字則寫在化學符號的左下角。

或者你們只需要寫成 ^{88}Sr，而不需要標出原子序，因為所有的鍶原子都必須是 Z = 38。否則，它們就不可能是鍶原子，不知道的同學最好現在就了解一下！

讓我們再來做個總結：

如果兩個原子的原子序不同，那麼它們就是不同元素的原子，具有完全不同的化學和物理性質。

例如，如果公園裡的氣球攤販有天決定用氫氣，而不是氦氣來填充氣球 —— 就像你們知道的那樣，它們分別是 Z = 1 和 2 的兩種不同元素 —— 這絕對不是一個好主意。事實上，他會在不小心點燃火柴的那一刻，把所有的氣球都炸掉。

請記住：氦氣是惰性氣體，而氫氣是高度易燃和爆炸性的氣體。說得再清楚一點，氫氣是可以直接作為火箭燃料的！

我知道大家還在等我們的老朋友鍶元素來舉例，雖然鍶的確是不太常用（從網路上就可以知道它一般用來做一些玻璃、牙膏或是紅色的煙花爆竹），然而比鍶元素多一個和少一個質子的元素（分別是釔和鉫），它們比鍶元素還要更加不為人知！所以我們這次就不拿鍶來舉例子了。

下面我用化學術語說給你們聽：
（也就是老師向學生提問時最想聽到的回答）

原子序的數值變化會導致原子性質的巨大改變。

1.4 同位素，原子也有高矮胖瘦

質子數相同的原子都是相同的，性質也一樣，只要你肯花時間反覆記憶，哪怕是塊磚頭也能學會這一點。

而這裡有一個新的知識要告訴你們：相同元素的原子可以有不同數量的中子。質子數量相同但中子數量不同的原子則被稱為「同位素」。

下面我用化學術語說給你們聽：
（也就是老師向學生提問時最想聽到的回答）

同一元素的所有同位素，都具有相同的化學性質和相同的原子序 Z，但它們可能具有不同的質量數 A。

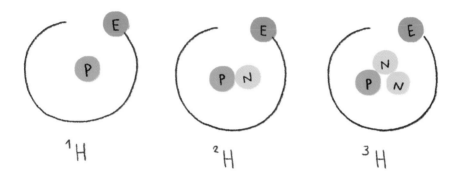

^{1}H　　　　^{2}H　　　　^{3}H

這就像在玩線上遊戲的時候一樣，你們懂嗎？不明白？好吧，我來告訴你這是怎麼回事！

以角色職業來舉例，每個騎士都是一樣的（每個人都擁有同樣的原子序 Z）。儘管可能會有不同級別的戰術增強——即可能產生的中子的數量，但每一個騎士都會做著同樣的事情，也就是不停的攻擊敵人。

這同樣也適用於其他職業——即其他化學元素：劍士和法師

不同，是因為他們有不同的攻擊和防禦能力（原子序 Z 不同），但他們每個人在遊戲中的行為是一樣的：劍士永遠都會攻擊敵人，法師也永遠都會試圖讓敵方出現減速效果，不管你們把它們修煉到什麼等級（質量數）。

讓我們回到化學上來。

同位素的存在，也解釋了為什麼當鍶有 38 個質子和 50 個中子時，它的化學符號會寫成 ^{88}Sr。事實上，也有一些鍶原子的原子核中有 46、48、49、50 甚至 52 個中子。如果我們把所有情況的中子和質子都加起來，我們就會發現有 ^{84}Sr、^{86}Sr、^{87}Sr、^{88}Sr 和 ^{90}Sr，而最後這個，也被稱為鍶 -90，具有微弱的放射性。

不過你們可以放心：天然的鍶是四種同位素的混合物：^{84}Sr、^{86}Sr、^{87}Sr 和 ^{88}Sr，其中並沒有哪種是特別危險的。

我們已經知道，氫原子的原子核由一個質子組成，而沒有中子。然而，在自然界中也存在著除了一個質子外，還含有一個中子的氫原子（儘管它們的數量不到 0.02%）。

這些氫原子的化學符號寫成 ^{2}H，所有的粒子都只有 1 個：1 個質子，1 個中子和 1 個電子。它們也是唯一一種擁有專有名

字的同位素——氘。

其實我們可以在實驗室中製備具有放射性的人造氫原子，其原子核中含有 1 個質子和 2 個中子。這些原子也有一個特別的名字：氚，^3H。在以上所說的內容中，你們只需要記住：自然界的大多數元素，實際上是由同位素組成的混合物，通常其中一到兩種同位素，會比其他同位素的數量更多。

但是關於這一點，等到之後講到原子質量的問題時，我們再回來討論。

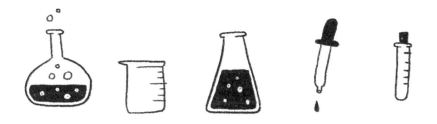

1.5 脾氣不小的離子

相信大家已經知道，當我們從原子中取出或者添加質子和中子時，會發生什麼事。

接著讓我們來看看電子，它們雖然個頭小，但我向你保證，它們的脾氣可不小。

下面我用化學術語說給你們聽：
（也就是老師向學生提問時最想聽到的回答）

當一個原子失去或獲得一個電子時，它就會產生電荷（正、負電荷），並被定義為離子。

你們應該知道，我們的老朋友鍶原子是一個慷慨的原子，它一般會釋放兩個電子，形成一個 Sr^{2+}，因為它釋放了負電荷的兩個電子，所以自己就會變成一個正電荷的離子，或者更確切的說，一個陽離子。但是另一個氟（F）原子（我很喜歡，因為它存在於牙膏中），它則傾向於獲得一個電子，然後變成一個負電荷的氟離子，也就是陰離子。

這些專業的名詞我們先講到這裡，但大家可以期待一下，有機會還會回來繼續討論這些失去和發現的電子，我們將會了解為什麼鍶原子更願意放棄兩個電子，而氟原子則選擇拿走它們（但每個氟原子最多拿一個），以及這到底有什麼意義。

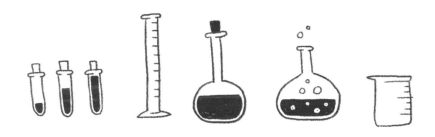

1.6 原子的大小你看不見

現在我們來看看這些原子到底有多大。

事實上，它們非常小。我們說的小不是看得到的渺小或微小：我們說的是（從技術層面來看）非常非常非常小！

例如，你們看到下面漫畫中問號下的那個點了嗎？

在那個點裡面，有大量到數不清的質子。如果我們能把點裡面的每個質子放大到肉眼能看清楚，讓它和你的智慧手機一樣大的話，那麼問號下面的那個點（仍然包含相同數量的質子），則要放大到和太陽一樣。對，就是天上那個金黃色的球。

當然，要測量這些微小的粒子大小，我們需要稍微調整一下單位。事實上，一個質子的半徑接近 0.000000000000001 m（公尺），我們可以把

它寫成 1×10^{-15} m。如果你們不相信的話，可以去問問數學老師！

因此，研究這些粒子的瘋子，不，科學家們不得不發明一種新的長度單位來簡化測量。

還記得有哪些長度單位嗎？有公寸（dm）、公分（cm）、毫米（mm）……也許有些人模模糊糊記得還有一個微米（μm）。然而，即使如此，我們還是只能測量到 10^{-6} m，但是這樣的單位對原子大小的測量來說仍然是無用的；這就好比試圖去測量艾菲爾鐵塔上，一根頭髮的厚度一樣。

為了測量原子，科學家們選用了皮米（pm），也就是 10^{-12} m 的長度單位；還有飛米（fm），也就是 10^{-15} m 的長度單位來測量。

一個質子（或者與質子大小相同的中子）半徑大約是 0.001 pm，也就是 1 fm；相對而言，原子是這些粒子中真正的巨人。算上它周圍的電子雲，原子的半徑大約是 50 pm（氫原子）到 350 pm（某些較大的原子，比如銫〔Cs〕原子）。你想知道鍶原子的半徑嗎？大約 200 pm，也就是 0.0000000002 m。

面對現實吧，原子是看不見的，即使你們用阿姨送的、正擺在書桌上積灰塵的顯微鏡去觀察，也是看不見的。

1.7 原子質量，只要計算質子和中子

好的，現在你們應該已經知道一個原子大概有多大，那麼你們不好奇一個原子有多重嗎？

首先，其實電子比質子和中子輕得多，其質量僅相當於它們的兩千多分之一。所以我們基本上可以把電子的質量忽略不計；也就是說，**一個原子的質量就等同於它原子核的質量**。

因此可以認為，在秤子上留下來的就只有質子和中子的質量，每個質子或中子約重 1.67×10^{-24} g。

之前是不是覺得原子大小的測量已經很讓人頭大啦？相信我，這還算是有趣的。事實上，如果我們已經弄清楚了 10^{-12} m 有多長，那麼再來弄清楚 10^{-24} g（克）就非常輕鬆了！

從今天開始，當你們跟著媽媽去超市買菜時，如果媽媽讓你們去秤一下蘿蔔和李子有多重，你們可以想想那個時候在秤子上到底有多少的質子和中子正在看著你們。更不用說電子了，雖然它們的質量要輕得多，但它們的數量和質子是一樣多的。現在有沒有覺得自己好像被監視了？

當然，在這種情況下，科學家們也不得不發明一種質量單位來計算原子的質量。不幸的是，並沒有一種「官方」的質量單位來表示這麼小的質量，因此原子質量使用的單位就是 10^{-24} g ！

有人建議使用 yoctogram（yg，攸克）來作為原子質量的計量單位——我知道這個單位從字面上看，像是一種控制腸道菌群的產品，但我向你們保證，它是一種計量單位！

1 yg 就相當於 10^{-24} g，不過他們的這個提議就和每週一早上的第一節課一樣，並沒有受到大家的肯定和歡迎。

大多數科學家，更喜歡發明一種「全新的測量單位」來計算原子的質量。經過長時間的討論，他們選擇將其命名為「原子質量單位」，用 amu 表示，每一原子質量單位 amu 的質量相當於 1.66×10^{-24} g。

所以 1amu 就等於 1.66yg，但我不建議大家用這個知識來給別人留下深刻印象，除非你們再也不想見到他們。

這個新原子質量單位的有趣之處在於，質子和中子的質量值實際比 1u 多一點，分別是 1.007u 和 1.008u。

下面我用化學術語說給你們聽：
（也就是老師向學生提問時最想聽到的回答）

原子的質量約等於以 amu 為單位的質量數 A。

再來複習一遍：質量數 A 只是中子和質子質量的總和。

我幾乎能聽到你們腦袋裡的齒輪在不停轉動，但是，既然科學家們必須發明出一個全新的測量單位，為什麼他們不選擇一個不那麼愚蠢的測量單位呢？例如，質子和中子的質量正好是 1 個這種單位，而不是一點零零幾個單位呢？

好問題！事實上有很多科學家想要使用氫原子（只含有 1 個質子）作為計量單位，但不幸的是，這並不好用，因為這裡面還有一個更複雜的情況：當原子中只有質子或只有中子的時

候，質子和中子的質量，會比它們與其他粒子共存時的質量更大一些。

這就是所謂的「質量缺陷」。

就讓我們拿一位典型的青少年當作例子吧，如果那個讓你頭暈目眩的女孩邀請你一起共進晚餐，不過她說自己正在節食，我敢打賭，你們一定會立刻扔掉你心愛的薯片，並告訴她只要有烤地瓜就夠了。每個人都知道，當人想談戀愛時，都會想辦法變得更瘦。這就是一個情感上的質量缺陷！

下面我們回到正題：科學家們試圖弄清楚哪種既有質子又有中子的元素，可以作為計量原子質量的單位。事實上，除了氫原子，其他所有元素的原子都可以，因為只有氫原子沒有中子。我請大家想像一下，在已知的原子範圍內尋找合適的原子質量單位，科學家們彼此之間得發生多少次爭吵啊！除了那些想使用氫原子的科學家，有一些科學家想要使用氧原子，還有一些想要使用碳原子。

最終，幾乎大多數科學家都共同選擇了碳同位素碳 12 的原子（也就是 ^{12}C）作為原子質量單位，所以科學家們將 ^{12}C 的質量記錄為 12 amu。因此，將碳同位素的原子質量除以 12，我們

就得到了一個質子或中子的質量（與其他粒子共存的情況下）。

所以一個碳 12 原子正好重 12 amu，而一個 ^{88}Sr 原子重約 88 amu，也就是一個 ^{12}C 原子質量的 88/12 倍。

質量缺陷

吉娜的訊息

來我家吃晚飯嗎？♥

地瓜嗎？我最愛吃了！

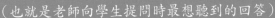
下面我用化學術語說給你們聽：
（也就是老師向學生提問時最想聽到的回答）

原子質量單位為 $1.66×10^{-24}$ g，是原子質量的測量單位，根據定義是碳 12 原子質量的十二分之一。

1.8 元素的原子質量

孩子們，不幸的是，我們剛才討論的原子質量單位雖然看似方便，現實上它卻沒什麼實際作用。

雖然我們知道 ^{88}Sr 重約 88 amu，它表示的這個整數結果也讓我們很滿意，但正如我們在前幾段中所看到的那樣，自然界中的鍶是四種同位素的混合物，所以每一種同位素都有不同的原子質量。

因此，要知道奶奶家裡的金屬鍶家具，所含的原子到底有多重，我們必須根據鍶元素的各種同位素在地球上的含量比例，對鍶所有同位素原子質量做一個加權平均值（不明白這個概念的同學可以問問數學老師）。

下面我用化學術語說給你們聽：
（也就是老師向學生提問時最想聽到的回答）

元素的原子質量（Ar）被定義為該元素的原子的平均質量。Ar 值的大小取決於每一種同位素在自然界中所占的比例以及每一種同位素的原子質量。

首先，我們透過加權平均值，先來計算一下鍶元素最終的原子質量。將鍶元素的四種同位素的原子質量，乘以它們各自的同位素的含量比例，並將結果除以 100，即會得到一個百分比：

$Ar（Sr）=（84×0.56 \% + 86×9.86 \% + 87×6.90 \% + 88×82.58 \%）/100 = 87.62 \%$

因此，鍶元素的原子質量就是 87.62 amu，但這並不意味著每一個鍶原子的質量都是 87.62 amu，只是說鍶是四種同位素 ^{84}Sr、^{86}Sr、^{87}Sr、^{88}Sr（^{90}Sr 是人造同位素，所以不考慮）按照一定比例的混合物，加權平均後的原子質量為 87.62 amu。

順便說一下，鍶離子（Sr^{2+}）的原子質量與鍶原子的原子質量幾乎相同，因為它失去的兩個電子的質量可以忽略不計（相當於 Sr 原子核質量的一萬多分之一）。

　　此外，氫的原子質量是 1.008 amu 這一事實僅僅表明，自然界中絕大多數的氫原子沒有中子，由同位素 ^1H 表示，只有少量的是氘，用 ^2H 表示（占比大約 0.002%）。

　　由於幾乎所有的自然元素都以兩種，或兩種以上不同同位素的形式存在，因此沒有任何一種同位素的原子質量正好可以等於一個整數。我明白有時候想計算原子質量的欲望是不可抗拒的，但如果你們不想發瘋，就用計算機算吧！

1.9 分子──原子的結合

激動人心的大揭祕時刻到了，你們準備好了嗎？好的，祕密就是：只包含一種原子的物質是非常少的！

事實上，除了金屬和某些氣體不願意和其他物質混合之外（這一類的氣體被稱為惰性氣體，因為大家都很清楚它們對其他物質有多冷淡），幾乎所有的粒子都會試圖聚集在一起形成複合結構，而原子與原子之間，就是透過我們所說的「化學鍵」，來相互連接形成複合結構。

當然，原子也可以自己和自己結合，比如氫 H_2，氧 O_2，磷 P_4：右下角的數字表示有多少相同的原子聚集在一起，形成一個叫做「分子」的新粒子。

然而，化學鍵通常是在不同的原子之間形成。無論如何，最後形成的就是分子，例如水分子 H_2O，它含有兩個氫原子和一個氧原子。總之，化學家們一點也不在乎這個結合體的形成過程，是發生在相同的原子之間，還是發生在不同的原子之間，因為最終都被統稱為「分子」。

下面我用化學術語說給你們聽：
（也就是老師向學生提問時最想聽到的回答）

純淨物中的所有分子都有相同的成分和特性。

當然，分子的性質通常與組成它們的原子性質有很大的不同，因為化學鍵的形成，會極大的改變原本原子的特性，就像透過戀愛關係組合在一起的戀人一樣……。

而只要看到這些化學「分子式」，我們化學家（從現在開始，你們也是了！）就能立刻知道構成分子的元素是什麼，以及它們是按照多少數量比例結合在一起的。

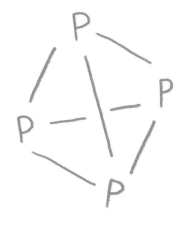

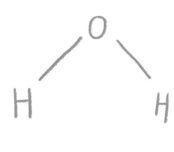

例如，P_4 和 H_2O 就是分子式，也被稱為「實驗式」，它告訴我們這個分子是由哪些原子，和多少原子相互結合的。對於比較複雜的分子，選用「結構式」來表示，則可以更加直觀的顯示原子是如何結合在一起，結構式中的連詞符號，就代表連接原子之間的化學鍵。

有點緊張害怕了是嗎？我可以理解，在這裡我要給你們一些寶貴的建議：泡一壺茉莉花茶，讓自己放輕鬆，然後最重要的是，做好心理準備接受這個現實：在接下來學習化學的時光裡，你們都無法擺脫這些分子和化學式。

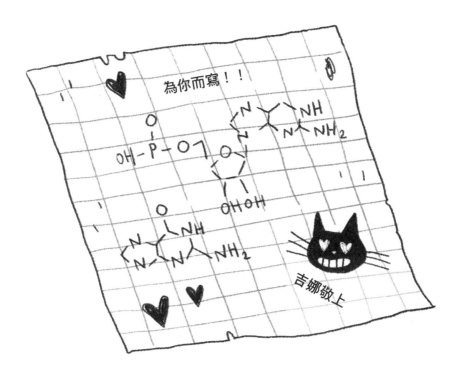

再給大家一個友情小提示：認真研究這些化學式吧！因為當你可愛的同學在日記上亂塗亂畫時，你就可以像獨來獨往的惰性氣體一樣，不經意間在喜歡的人面前秀出一個超級複雜的分子式。如果她看懂了，那麼她就是個化學小天才，能和你一起學習化學；如果她不明白，你也可以主動去幫助她。總之，這是一種萬無一失的搭訕技巧。

1.10 分子量——原子質量之和

在學習了原子的質量之後，我們下面來學習分子量的概念。

好消息是，分子量只不過是組成它的元素的原子質量總和而已。

下面我用化學術語說給你們聽：
（也就是老師向學生提問時最想聽到的回答）

分子量，即該物質所含原子的原子質量之和。

已經結束了嗎？是啊！

例如，水分子的平均質量為 18.015 amu。

也就是說，氫的原子質量是 1.008 amu，氧的原子質量是 15.999 amu，所以水的分子量是：

（2×1.008）+15.999=18.015 amu

採用同樣的計算方法，我們可以得到氯化鍶 $SrCl_2$ 的分子量：

87.62+（2×35.45）=158.53 amu

真笨重啊，這個鍶……。

第一章我就寫到這裡啦。接下來，如果你們想繼續看的話，我們就要開始把各種分子混合在一起嘍。

第二章

2.1　化學反應和化學方程式

2.2　質量守恆──物質不會憑空產生

2.3　莫耳，就像去超市買菜

2.4　1 莫耳的物質有多重？

2.5　莫耳和克的換算

2.6　化學式能告訴你所有事情

化學反應，分子不會乖乖待著

2.1 化學反應和化學方程式

相信大家現在對這些分子有了更多的了解，但你們認為它們會乖乖坐在自己的角落裡嗎？不！這些不安分的傢伙，只要一有機會，就會互相親熱，或者用化學術語來說，彼此之間會發生「反應」。

事實上，兩個原子之間的化學鍵很少能一直保持不變。或者說，這些「輕浮」的分子總是絞盡腦汁試圖打破這些鍵，並

試圖與它們遇到的其他可愛的分子一起形成更多的鍵。

下面我用化學術語說給你們聽：
（也就是老師向學生提問時最想聽到的回答）

化學反應是不同分子的原子之間，化學鍵斷裂並形成新分子的過程。

下面我用化學術語說給你們聽：
（也就是老師向學生提問時最想聽到的回答）

當兩個分子發生化學反應時，就會產生新物質，新物質中的原子會以不同於原物質中的方式進行組合。

雖然可能在大家看來，這些「反應」是非常抽象的概念，甚至有點無聊，但你們要知道化學反應並不是遙遠的概念，而是每時每刻發生在我們周圍的現象。例如當我們煎牛排時；當我們扔掉過期的牛奶時；當我們清洗水漬，或者當我們騎自行車的時候。

然而，周圍的大多數反應，我們往往都沒有意識到，但我可以向你們保證：我們之所以能夠呼吸、行走、消化、思考、變胖、上廁所，哪怕是我們現在讀這本化學課本，這一切都伴隨著化學反應的發生！

化學反應用公式表示出來就像一個數學方程式一樣：左邊是反應物，右邊是生成物。只不過在方程式的中間，我們的化學家用的不是「＝」的符號，而是「═══」或箭頭。本書用箭頭，一來這樣我們就可以和數學家保持距離，二來也可以讓讀者知道化學反應發生的路徑和方向。

你們要學習的第一個化學方程式，是一個非常實用的化學反應，自己在家中就可以完成，這個化學反應就是：從氫氧化鍶〔$Sr(OH)_2$〕中製備出氯化鍶（$SrCl_2$）。劇透一下：其實把它和鹽酸（HCl）混合就可以了。

$$Sr(OH)_2 + 2HCl \rightarrow SrCl_2 + 2H_2O$$

你們知道 $Sr(OH)_2$ 代表的是什麼嗎？是不是表示鍶與兩組 OH 的結合？你們會不會覺得寫成「HO—Sr—OH」更好？然而化學家們用的是右下角帶數字的括號。

讓你們再欣賞一下化學方程式的簡潔明瞭：當然，我們也可以寫成「一個氫氧化鍶分子與兩個鹽酸分子反應形成一個氯化鍶分子和兩個水分子」，但是這樣的話，同樣的化學反應，我們至少需要一整行文字來敘述，而不是像上面的方程式一樣，用半行就寫得很清楚了。

而且，你們不得不承認，這樣看起來也更酷。無論如何，哪怕你真的就喜歡用長一點的方法來表示化學反應的過程，那也沒關係。只是你出生得晚了，因為所有已經寫完的化學書都是用方程式寫的，當然包括這本！

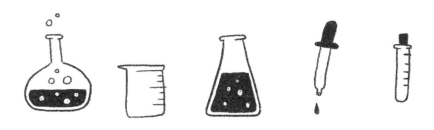

2.2 質量守恆──物質不會憑空產生

既然大家都很聰明，那麼你們可能已經注意到，我在前面的化學方程式中配了兩個鹽酸分子和兩個水分子。

這是因為我們必須遵守自然界中最糟糕的法則之一：「質量守恆定律」。這個定律告訴我們「物質既不會憑空產生，也不會憑空消失，它只是從一種物質轉化為另一種物質」。

聽起來熟悉嗎？當然，因為這個定律可以解釋很多現象，

例如，為什麼融化的冰淇淋不會消失（事實上，它通常是落在了乾淨的牛仔褲上），又或者為什麼你永遠不應該忘記遛狗時要帶上裝便便的小袋子。

我還想告訴你們：這一定律在化學中的主要應用，是保證了我們將在反應的生成物中，找到所有存在於反應物中的原子。相反的，沒有出現在反應物中的原子，是不會憑空出現在生成物中的。

完全不明白嗎？好吧，讓我們重新開始，只寫反應物和生成物：

$$Sr（OH）_2+HCl \rightarrow SrCl_2+H_2O$$

現在分別數一下兩種反應物中所有原子的數量，和這兩種生成物中所有原子的數量，我們很快就會發現「一切必須守恆」。例如，由於生成物中有兩個氯原子（兩者都與鍶結合形成 $SrCl_2$），在反應物中也必須有兩個 Cl 原子；只是反應物中的氯原子，是與氫結合後以 HCl 的形式出現的。

如果我們現在數一下反應物中的氫原子和氧原子，我們會發現它們分別是 4 個和 2 個，所以我們必須在生成物的分子中找到它們。到目前為止它們有多少個？兩個氫原子和一個氧原子，都在水分子裡。那就容易了！我們所要做的就是把水分子的數量翻倍，這樣你就得到了我們之前看到的化學方程式：

$$Sr（OH）_2+2HCl \rightarrow SrCl_2+2H_2O$$

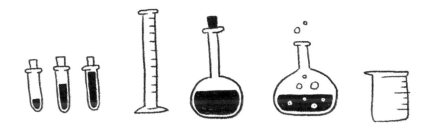

下面我用化學術語說給你們聽：
（也就是老師向學生提問時最想聽到的回答）

當反應物中原子的數量和類型（在本例中，就是 1 個 Sr 原子、2 個 Cl 原子、2 個 O 原子和 4 個 H 原子）與生成物中原子的數量和類型相同時，化學方程式就被認為是平衡的。

平衡化學方程式是需要慢慢嘗試的。

這個過程的確如此：遵循著「經一事，長一智」這條同樣眾所周知的定律，你們就能一點一點改變參與反應分子的數量，讓方程式達到平衡。

順便問一下，你們不覺得可以直接把它叫做分子數嗎？事實上，化學家們已經找到了另一個令人毛骨悚然的好名字，來表示這些分子之間的關係：這些可憐的數字被稱為化學計量數。

關於反應平衡的化學研究，就被命名為化學計量學。讓我們為這個煞風景的名字默哀一分鐘。

2.3 莫耳，就像去超市買菜

在本節中，將會討論我們在化學中遇到最難的（也是最最最無聊的）概念之一：莫耳。

大家現在應該都已經知道，透過研究化學方程式可以看出有哪些分子參與了化學反應，以及這些化學反應物是如何結合在一起形成生成物。

例如，通常情況下，我們觀察氫氧化鍶和鹽酸的反應，很快就能看出它的反應過程是：1 個 $Sr(OH)_2$ 分子與 2 個 HCl 分子發生反應，形成 3 個新分子，即 2 個水分子和 1 個氯化鍶分子：

$$Sr(OH)_2 + 2HCl \rightarrow SrCl_2 + 2H_2O$$

問題是，我們根本不可能非常精確的把 1 個 $Sr(OH)_2$ 分子和 2 個 HCl 分子混在一起。事實上，正如我們之前告訴你們的，這些粒子是如此之小，以至於即使是在蝨子（這應該已經是大家對於「微小」概念的定義了）的小屁股上，最微小的毛髮上的最微小的末端，也存在著龐大數量的這些粒子。

但這就是訣竅！我們不會每次只單獨測量一個分子的質量，而是取一定數量的分子，而這個數量就是一個精確的數字。

下面我用化學術語說給你們聽：
（也就是老師向學生提問時最想聽到的回答）

化學家使用一個包含固定數量分子的單位，作為分子的參考系統。

迷茫嗎？哈哈哈哈！沒關係，跟我們來，大家一起去超市看看。事實上，今天奶奶決定親自來款待我們，作為她的好孫子好孫女，我們要為她準備她最喜歡的菜。下面是食譜：松子歐芹蛤蜊麵。因為我們有 6 個人，所以需要 618 條義大利麵、132 顆蛤蜊、186 顆松果和 36 片歐芹。開始數吧，快點！

等一下，按照這份食譜的意思是要計算出客人每一口的量（也就是 3 條義大利麵，½ 顆蛤蜊，¼ 顆松果和一小片歐芹）？我想大家可能都會瘋掉，所以我們會選用一定數量作為參考——1 包義大利麵，1 袋蛤蜊，1 袋松仁，1 把歐芹——足夠餵飽所有客人的菜量。

孩子們，信不信由你們，化學家對化學元素使用的計量方法，和你們在超市買食材時使用的方法完全一樣，只是他們想出了一個特殊的袋子，裡面都是有相同數量的粒子，每一種物質都裝在這樣的「莫耳」袋子裡。

透過這種方式，我們可以不用每次一個個去拆開它們，讓每一個分子單獨跟另一個分子進行反應，而是可以直接將一莫耳分子的反應物作為一個整體進行反應，然後觀察會發生什麼現象。

然而，由於原子和分子的質量實在是小得誇張（我們在上一章已經取笑過它們），所以我們需要取出大量的粒子，才可以用家中的磅秤給粒子稱重。於是，我們決定一次性取出 602,200,000,000,000,000,000,000 顆粒子（或者可以寫成 6.022×10^{23}），也就是我們所說 1 莫耳（mol）的數量。

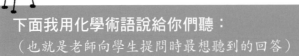

下面我用化學術語說給你們聽：
（也就是老師向學生提問時最想聽到的回答）

　　莫耳是物質的數量單位，每 1mol 任何物質（微觀物質，如分子、原子等）含有 6.022×10^{23} 個微粒。

　　莫耳只不過是化學家用來計量原子和分子的小袋子；只是，與超市的袋子不同，相同莫耳數量的不同物質，都包含相同數量的微粒——原子、分子、離子、義大利麵、蛤蜊等。

　　1mol 的氧原子含有 6.022×10^{23} 個氫原子， 1mol 的 HCl 分子含有 6.022×10^{23} 個鹽酸分子，1mol 的 Sr^{2+} 含有 6.022×10^{23} 個鍶離子……1mol 的義大利麵或蛤蜊，分別含有 6.022×10^{23} 條義大利麵和 6.022×10^{23} 顆蛤蜊：不過，如何撈出義大利麵，事實上不是個化學問題！

　　來吧，回到我們的主題，讓我們再寫一次最喜歡的方程式：

$$Sr(OH)_2 + 2HCl \rightarrow SrCl_2 + 2H_2O$$

　　但是現在大家要注意一下，因為這一次，我們不是試圖讓一個 $Sr(OH)_2$ 分子與兩個 HCl 分子發生反應，而是讓 6.022×10^{23}

個 $Sr(OH)_2$ 分子與 2 倍的 6.022×10^{23}，也就是 12.044×10^{23} 個 HCl 分子發生反應。

你們想像一下這會有多麼混亂：每一個 Sr（OH）$_2$ 分子都會與身邊飛馳而過的 12.044×10^{23} 個 HCl 分子中的兩個 HCl 分子結合在一起，形成 1mol 的 SrCl$_2$ 分子，並釋放出 2mol 的 H$_2$O 分子。

在反應結束時，也就是在所有 6.022×10^{23} 個 Sr（OH）$_2$ 分子與 12.044×10^{23} 個 HCl 分子發生反應後，我們將會得到分散在家中的 6.022×10^{23} 個 SrCl$_2$ 分子和 12.044×10^{23} 個水分子。你們看，多麼精彩啊！

而以上的過程，通常是在一瞬間發生：例如每次我們點燃火柴、清洗傷口或染髮時，瞬間就會發生大量的化學反應。

你們看起來很困惑，也許我們需要來複習一下。

為什麼莫耳必須是一個非常大的數字？關於這一點我們已經明白了：這只是化學家們為了管理這些微小粒子，而不得不想出的一個祕密策略。因此，大約 10^{24} 個大約 10^{-24}g 的顆粒總共重大約 1g。

但莫耳能做的還不只這些，最酷的是我們剛剛寫在前面的那三個「大約」。我們後面會講到的，別擔心。

2.4 1 莫耳的物質有多重？

在 1 莫耳的任何物質中，都含有 6.022×10^{23} 個這個物質的粒子。這不是一個隨機的數字：它被稱為亞佛加厥（Avogadro）常數，與 12g 碳 12 原子的數量完全相同。

你們觀察一下手中的鉛筆：它的中心是由石墨製成的，石墨是碳 12 在地球上的一種存在形式。如果鉛筆芯的質量正好是 12g，如果有人去仔細數一數組成它的所有碳 12 原子，你會發現它的數量是 602,200,000,000,000,000,000,000， 也就是 6.022×10^{23}。

我勸大家最好還是選擇相信亞佛加厥先生，生命很短暫，不要把它花在數一支鉛筆的筆芯中的原子上……。

大家要注意，這裡指的是碳元素的同位素碳 12 原子。

碳元素的這個同位素原子我們在第一章中見過：你們還記得有傳言說科學家們互相爭論，最後大吵了一架，才選擇了碳 12 作為原子質量單位的參考原子嗎？稍等讓我為你們重寫一下定義。

看在老天的面子上，先不要把你們的書扔了，而要像亞佛加厥那樣，只需要兩個「乘法」，就把我們從原子計量的困境中解救出來。但是請大家認真聽我說，下面是最困難的部分。

下面我用化學術語說給你們聽：
（也就是老師向學生提問時最想聽到的回答）

原子質量單位（amu）為 1.66×10^{-24} g，是碳 12 原子質量的十二分之一。

下面我用化學術語說給你們聽：
（也就是老師向學生提問時最想聽到的回答）

我們把一個莫耳單位的任何物質的質量，稱為該物質的莫耳質量（M）。

1mol 的氫原子其實質量很輕，因為氫原子本身就很輕（一個氫原子的質子重 1 amu 或略重一些）；1mol 的鍶更重一些，大約是 88 amu，因為鍶原子比氫原子重；1mol 的蛤蜊相比之下就重得可怕了（每個蛤蜊大約有 10g）。

1mol的物質有多重呢？

取決於是哪種物質！

好了，讓我們來耐心計算一下：某一元素的莫耳質量，就是該元素的原子質量乘以 1mol 的原子的數量，也就是亞佛加厥常數，即 6.022×10^{23}。但是大家還記得嗎？我們是可以計算單一原子質量的。要得到一個原子的質量，只需將原子的原子質量乘以 1.66×10^{-24} g，也就是 $M = A_r \times 1.66 \times 10^{-24} \times 6.022 \times 10^{23}$。

我們試著來計算一下碳 12 原子的質量。碳 12 原子的原子質量是 12 amu，那麼

$$12 \times 1.66 \times 10^{-24} \times 6.022 \times 10^{23} = 12$$

等一下……什麼意思？發生了什麼？

其實，莫耳的定義就意味著：1 mol 的某種物質的質量，以克為單位，等於該物質的原子質量（或分子量）。

這個奇妙的運算可以適用於所有的物質上，僅僅是因為 6.022×10^{23} 和 1.66×10^{-24} 正好互為倒數，所以相乘可以得到 1——你們不信是吧？我好像看到你們拿起了計算機！

因此之前的方程式就變成：

$$M=Ar \times 1=Ar$$

下面我用化學術語說給你們聽：
（也就是老師向學生提問時最想聽到的回答）

一種物質的莫耳質量等於該物質的原子質量或分子質量，以克／莫耳（g／mol）表示。

莫耳質量和原子質量之間的唯一區別，就是測量單位不同：原子和分子的質量以 amu 表示，莫耳質量是以克每莫耳（g／mol）表示。

例如，1mol 鍶原子的質量，即 6.022×10^{23} 個鍶原子的質量，是 87.62g， 因為鍶原子的質量是 87.62 amu。同樣，氯化鍶 $SrCl_2$，分子量是 158.53 amu ，莫耳質量為 158.53 g／mol。

回到奶奶非常喜歡的蛤蜊上：大家想像一下面前有一大堆蛤蜊，每個都重達 10 g。你們知道它們的分子質量是多少嗎？答案是：$10\,g\times6.022\times10^{23}=6\times10^{24}g=600$ 億億噸（1 億億噸 =1 京噸）蛤蜊。

不得不說，要把它們全都煮熟相當困難，這也解釋了為什麼莫耳絕對不是廚師們喜歡的測量單位。

哇！這簡直是不可思議，但我們居然做到了，我們已經快學完莫耳的內容啦！去吃點霜淇淋吧，這是你們應得的。最重要的是，你們需要一些糖來啟動你們的大腦，然後繼續下一節的學習。在下面一節中，我們將會發現，到目前為止我們讀到的所有有趣的東西到底有什麼用。

2.5 莫耳和克的換算

現在我們已經能夠計算出 1mol 某種物質的質量了，而我們也終於可以計算出一定克數，某種物質裡所含的莫耳數！夢想成真！

例如，如果你們已知奶奶那件美麗的金屬鍶小家具的質量為 43.81g，那麼只需要把它的質量除以鍶原子的莫耳質量，就能知道它含有多少莫耳的鍶原子了：

鍶原子的莫耳數量 =43.81g÷87.62 g/mol=0.50 mol

一個漂亮的金屬鍶擺設含有半莫耳的鍶原子！錯，你們被騙了！這個小擺設實際上是由氯化鍶製成的，所以它其實只有

43.81 g 除以 158.53 g/mol，也就是只有 0.276 mol 的鍶原子！記住：賣金屬鍶擺飾的賣家，他們是天生的騙子，永遠不要相信他們！

一般來說，對於任何物質都適用的方程式為：

$$n=\frac{m}{M}$$

式中，n 為物質的量，以莫耳（mol）為單位；m 為質量，以克（g）為單位；M 為莫耳質量。

然而，這個公式反過來要好用得多，因為我們可以在知道 n 和 M 的情況下計算出 m 的值。

$$m=nM$$

事實上，化學家通常需要取用固定莫耳數量（n）的某種物質，來進行某種化學反應，因此你必須知道需要稱多少克，因為不幸的是，他們還沒有發明一種可以稱出莫耳數的秤。

例如（我發誓這是我最後一次展示這個化學方程式）：

$$Sr(OH)_2 + 2HCl \rightarrow SrCl_2 + 2H_2O$$

如果我們想要計算出在這個反應中有多少克的氫氧化鍶，和多少克的鹽酸混合在一起，以獲得 1 mol 的氯化鍶和 2 mol 的水，那麼我們只需要計算出反應物的莫耳質量，在這個反應中就是 $Sr(OH)_2$ 和 HCl 的莫耳質量，分別為 121.63 g / mol 和 36.46 g / mol（如果你們不相信就自己算一下），便可以知道：

$$M_{Sr(OH)_2} + 2\,M_{HCl} = 121.63 + 2 \times 36.46$$

因此，121.63 g 的 $Sr(OH)_2$ 和 72.92 g 的 HCl 透過相互作

用形成：

$$M_{SrCl} + 2M_{H_2O} = 158.53 + 2 \times 18.01$$

也就是 158.53g 的 $SrCl_2$ 和 36.02g 的 H_2O。這個結果除了給我們帶來一種巨大的內心滿足之外，也驗證了鍶和鍶化合物同樣遵循至高無上的質量守恆定律：把 194.55g 的反應物（121.63 + 72.92）混合在一起，我們得到的還是 194.55g（158.53 + 36.02）的生成物。

化學是不是很棒？樂趣才剛剛開始！

2.6 化學式能告訴你所有事情

我相信很多人，至少有一次，都曾經帶著焦慮不安的心情想過這樣一些問題：水分子當中氫的比例是多少？碳酸氫鈉中的碳含量又是多少呢？好吧，放輕鬆，因為解決這些關於「存在」問題的時刻就要到了。

想算出一個分子中含有某種元素的百分比為何，可以從它的化學式中分析得來。

我們有你想知道的所有祕密問題的答案唷！

現在再想想鍶元素：我們已經知道 1mol 的 $SrCl_2$ 分子（分子量為 158.53 amu）重 158.53 g，其中含有 1mol 的 Sr（原子量為 87.62 amu），即 87.62 g 的鍶；加上 2 mol 的 Cl（原子量為 35.46 amu），每莫耳重 35.46 g。

只要有了上面這些資訊，就可以很快計算出氯化物中鍶的百分比啦！

只需要用每莫耳 $SrCl_2$ 分子中 Sr 的質量，除以每莫耳氯化鍶的質量，也就是 $SrCl_2$ 的莫耳質量，然後乘以 100，可以得到一個百分比。用數字表示就是：

$SrCl_2$ 中 Sr 的百分比 $=87.62 \div 158.53 \times 100 = 55.27$（%）

還不滿意嗎？我想也是，事實上，一定有人一直也在疑惑到底 $SrCl_2$ 中有多少的氯。

我們只需要重複同樣的事情，但別忘了氯原子有兩個。

Cl 在 $SrCl_2$ 中的百分比 $= 35.46 \times 2 \div 158.53 \times 100 = 44.73$（％）

是的，因為 $SrCl_2$ 只由兩種不同的元素組成，所以我們也可以透過從 100％ 中減去 55.27％ 來得到這個結果。恭喜大家，你們現在看起來智慧滿滿！

是時候給你們一些獎勵啦，這些是你們之前提出問題的答案：水裡的氫含量是 11.19％，碳酸氫鈉（$NaHCO_3$）中含有 14.30％ 的碳。

你們也可以自己計算出這些結果：這個過程和我們計算 $SrCl_2$ 中 Sr 元素含量的過程完全一樣。

我知道，你們喜歡的女孩應該都很愛護自己的頭髮，現在你們可以透過炫耀自己的化學術語來贏得她的芳心，並向她解釋如何利用分析洗髮水的化學式，來找出洗髮水的百分比成分。她一定會拜倒在你的智慧下！

不幸的是，這些物質通常沒有自己化學式的標籤。另一個原因是，實際上反過來透過某種物質的百分比組成，來推斷出

它的化學式,這個過程其實會更有用。

　　幾乎所有的偵探小說,時常出現的一個情節就是,神通廣大的偵探在搜查犯罪地點時,找到地毯上的一個汙點,露出一副嚴肅陰沉的表情和寫滿了「這是什麼玩意兒?」的眼神。然後汙漬被刮走,伴隨著一句「立即送到法醫那裡!」的臺詞,接著在法醫那裡,他們混合著各種裝著冒煙溶劑的試管,熱情的敲打著超級電腦上的鍵盤,最終宣布勝利的消息:「這是氯化鍶!」事實上,他們通常會用更炫酷的名字,比如「甲基黃

嘌呤」，儘管這只是咖啡因的化學名稱。

你們應該知道，訓練有素的法醫和偵探們很大一部分的工作，就是分析構成「可疑」分子的化學元素種類和數量。但大家知道他們最常用的分析工具是「原子吸收光譜儀」嗎？雖然這不在我們這本書的學習範圍裡，但這是另一種你們可以用來給人留下深刻印象的專業術語。

在劇情接近尾聲時，偵探被告知地毯上的汙漬是 $SrCl_2$，因為根據法醫的分析，該汙點含有氯和鍶，其成分為 44.73% 的 Cl 和 55.27% 的 Sr。

那麼法醫是怎麼做到的呢？其實這非常的簡單。在他們的超級電腦上，他們只是把氯和鍶的比例除以它們各自的莫耳質量，就直接得到了地毯上每 100g 的神祕汙漬中 Cl 和 Sr 的莫耳數 n 的值：

nCl=44.73÷35.46= 1.26 mol
nSr=55.27÷87.62= 0.63 mol

上面的兩個除法計算告訴我們，在 100g 的這種神祕物質中，有 1.26mol 的氯和 0.63mol 的鍶，這意味著氯的莫耳數量是鍶的

莫耳數量的兩倍。

然而每莫耳都含有相同數量的原子（就像我們的朋友亞佛加厥教給我們的那樣！），那麼汙漬分子中氯原子的數量將是鍶原子數量的兩倍：結論就是這個汙漬是 $SrCl_2$！

順便說一下：罪魁禍首當然是管家，他在拋光銀器和替家具除塵時，養成了收集氯化物的有趣「愛好」。

現在你們可以擊掌歡呼了，因為你們剛剛學會了第一個化合物的化學式（也就是分子式），這是組成分子之元素的原子數之間最簡整數比。

其實，我們之所以能這麼快的解決這個「案件」，很大程度上是因為運氣很好。因為那個天才管家是用一種非常容易識別的分子弄髒地毯，而且這種分子只由兩個氯原子和一個鍶原子組成。而事實上，一般的汙漬斑點幾乎不可能只由一種物質組成，如果真是這樣的話，那麼可能故事的發展又是另一番模樣了。

事情的發展有時候不會那麼順利，因為分子中每個元素的原子數遠比 1 個或 2 個多得多。例

如，咖啡因的配方是 $C_8H_{10}N_4O_2$！這和 $SrCl_2$ 相比簡直是一場噩夢。儘管如此，即使是面對複雜的分子，法醫的工作仍然是一樣的。

不相信嗎？我展示給你們看：根據法醫的分析，桌布上發現的另一個神祕的棕色汙漬分別含有 C、H、N 和 O 這幾種元素，含量分別為 49.48%、5.19%、28.85% 和 16.48%。

接著使用我們的超級無敵電腦，把所有的原子莫耳數都計算一遍（如果你們真的想自己算的話，可以再檢查一遍，反正你們現在也知道該怎麼算了），我們發現這個組成對應的化學分子式是 $C_4H_5N_2O$。

那麼知道化學式之後該做什麼呢？現在讓我們查看看這個分子式對應的是什麼物質：它有可能是吡啶酸鹽，一種奇妙的物質，莫耳質量為 97.1，它的化學式就是這個。

然而，當我們準備跑去告訴那些偵探小說的主角時，我們的夥伴們為我們帶來了更多的實驗資料，這些資料告訴我們，分子的莫耳質量不是 97.1，而是 194.2，97.1 的整整兩倍。

天哪！那現在怎麼辦呢？

別擔心。只需把 $C_4H_5N_2O$ 分子式中所有原子的數目增加一倍，保持它們的數量比始終不變（也就是保持每個氧原子配 4 個碳原子、5 個氫原子和 2 個氮原子），我們將會得到一個能夠更清楚展示我們汙漬中神祕物質的化學分子式。

在這種情況下，這個化學式就是 $C_8H_{10}N_4O_2$，它可以表示數百種不同的物質，也包括甲基黃嘌呤。

偵探在桌布上快速的一嗅，也證實了我們的假設：汙漬中含有甲基黃嘌呤，也就是我們常說的咖啡因。

案子解決了：罪魁禍首仍然是管家，除了是一個氯化物收藏家，他還是一個咖啡癮君子。

回到正題：化學物質原子數之間的最簡整數比，可以和分子式一樣，例如氯化鍶；而在其他情況下，分子式也可以是最簡整數比的倍數，就像咖啡因。

最後，如果你們保證不會被嚇走，我也給你們看看吡啶酸鹽 $C_4H_5N_2O$ 和咖啡因 $C_8H_{10}N_4O_2$ 的化學分子結構。我用不同顏色的筆來標出氮原子和氧原子，這樣你們就能更好的看清它們。

　　大家要知道的是，多邊形頂點的原子，如果沒有特別標示，通常都默認為碳原子。事實上，對於如此複雜的分子，氫原子甚至也不應該全部寫下來，以免把公式弄得一團糟。相信我，雖然看起來左邊沒有 5 個 H 原子、右邊沒有 10 個 H 原子，但它們的確存在。

　　我衷心祝賀你們沒有被化學的無聊打倒！現在讓我們從化學反應和計算中，特別是從鍶和它的兄弟們中暫時抽離出來，花點時間冷靜的研究一下物質的狀態。

第三章

3.1 氣體的體積，就是粒子運動的空間

3.2 氣體壓力單位

3.3 理想氣體讓考試更簡單

3.4 萬用公式：pV=nRT

3.5 亞佛加厥原理

3.6 莫耳體積：物質在標準情況下的體積

3.7 恆定溫度下，壓力與體積成反比

3.8 溫度升高，壓力和體積都會增加

3.9 熱力學溫標——絕對溫度

3.10 理想氣體方程式

氣體：無形狀，但是有體積

當物體呈現出氣體的形態時，我們稱之為「氣態」。不得不承認，「氣態」這個詞聽起來比「氣體」高級多了。

3.1 氣體的體積，就是粒子運動的空間

讓我們舉幾個氣體的例子：

- 空氣 —— 生活中少不了它！
- 甲烷 —— 媽媽給你們做最愛吃的薯條時要用到的氣體。

- 二氧化碳 —— 我們可不能忘記溫室效應！
- 氯氣 —— 游泳池中的氯氣？差不多吧。
- 硫化氫 —— 臭雞蛋和⋯⋯呃⋯⋯放屁會出現的氣體。

它來了、它來了，我們這一章的主角：屁！我知道你們在剛剛讀到「氣體」這個詞時就都已經想到了。

說實話，你們有沒有在電梯裡悄悄放過屁？別不想承認，逃不掉的，大家都能感覺到！而且是立刻、迅速的查覺到；然

後大家都會盯著你，即使你故意轉過頭吹著口哨，假裝什麼都沒發生，也無濟於事。

這是因為構成氣體的分子，會不斷的向各個方向移動，充滿整個空間。在這種情況下，這個空間就是電梯，釋放的氣體迅速占據了空間裡的全部體積。

下面我用化學術語說給你們聽：
（也就是老師向學生提問時最想聽到的回答）

氣體的體積被定義為粒子運動的空間。

體積通常以立方公尺（m³）計，1m³ 等於 1,000 公升（L）。不記得了嗎？該吹掉你們數學課本上的灰塵了。

3.2 氣體壓力單位

氣體會占據空間內部所有可用的體積，當空間耗盡時，它

們會與容器壁發生碰撞而壓縮。每當氣體粒子與容器壁發生碰撞時，氣體也會產生推動容器壁的反作用力；所以氣體與容器壁反覆的碰撞，粒子便會產生一定的向外壓力。就像之前說的，人在電梯裡或者在課堂上，以及在教堂做禮拜時，忍不住放出的氣體，它們也真的很想從電梯、從教室裡擠出去。

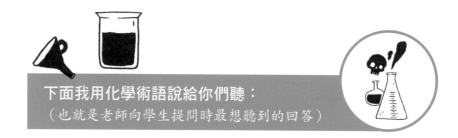

下面我用化學術語說給你們聽：
（也就是老師向學生提問時最想聽到的回答）

　　氣體的壓力是氣態粒子與容納它的容器壁發生撞擊所產生的壓力。

　　在維修廠，工作人員檢查摩托車輪胎時，他們所做的就是測量輪胎裡面的氣壓。

　　以前，壓力是用標準大氣壓（atm）為單位進行測量的：當一個人走在大街上時，他頭上的氣壓基本上就是一個大氣壓。

　　但由於化學家們也是將「簡單事情複雜化」的專家，所以他們想出了一些有趣的替代方案。我們為什麼不用壓力單位托

（Torr）呢？不！最好還是用毫巴（mbar）吧。這真是一場持續不斷的爭論。

最後，科學家們達成了一致，顯然，為了表示壓力，他們選擇了一種主要目的是恐嚇未來學生的測量單位：帕斯卡（Pa，簡稱帕）。一個大氣壓相當於十萬多帕斯卡，準確的說，是101,325 Pa。

放棄吧，孩子們，拿起你們信任的計算機，耐心的用它計算所有你們之後要進行的單位轉換吧。

1atm=760 Torr=1.01325 bar=1,013.25 mbar=101,325 Pa

3.3 理想氣體讓考試更簡單

友情提示：穿好你們的靴子，因為你們即將進入充滿泥濘的區域。別擔心，我會把你們救出來的。

你們成功獲得了觀看國際科學家驚人冒險表演的前排座位，這些科學家在你們面前放屁、吹氣球、打碎注射器、炸毀廚房，為的就是找到一則能夠描述氣體在不同壓力、溫度和體積下的變化規律！

我也不再賣關子了，以下就是這些冒險的最終結果：

$$pV=nRT$$

但是讓我們從頭開始，否則你們可能會錯過所有的樂趣。

我們可以先發明一種「理想氣體」，也就是所謂的完美氣體。不，這不是一種能滿足你所有願望的氣體。這只是一個近似值，可以讓計算變得更容易一些。

理想氣體有四個特點：

1）與氣體總體積相比，每個粒子的體積可以忽略不計。

舉個例子：想像一下你的臥室裡有蚊子。我知道這幅畫面很惱人，但它可以給你一個非常直觀的感受：蚊子相對於房間來說很小，就像理想氣體中的粒子相對於氣體總體積一樣。

2）每個粒子的運動，都是在沒有任何優先方向的情況下的連續運動。

舉個例子：你們還記得上學時常會有蹺課的衝動嗎？當你真的這麼幹了，你以為你會度過一個美好的早晨，卻發現自己只是在市中心的街道上漫無目的閒逛。

3）每個粒子都與其他粒子距離很遠，不受到彼此的吸引力或排斥力的影響。

舉個例子：爸爸、媽媽決定1月帶你去海邊旅行，因為冬天的大海是「浪漫、含蓄而詩意」的。而這個時候的海灘上，卻只有你們和其他一些絕望的人，幸運的是，他們基本上對你們視若無睹。

4）如果兩個粒子發生相互碰撞，碰撞是彈性的，沒有任何能量的損失。

舉個例子：正好相反的是，當你們一邊走路，一邊用手機跟喜歡的女孩專心聊天時，卻迎頭撞到了一根電線桿。

為了幫助大家記憶，我們來總結一下理想氣體的特性：4 隻蚊子，蹺課後在海灘上遊蕩，撞上了一根電線桿。

好消息是，許多更常見的真實氣體，如氫氣、氦氣、氧氣和氮氣，它們的特性與完美氣體非常相似。

3.4 萬用公式：pV=nRT

　　信不信由你，在幾個世紀前，我們優秀的科學家常常花時間加熱、壓縮和膨脹他們能找到的所有氣體，然後仔細的觀察，並記錄下發生了什麼。

　　只是有時候，對付這些氣體，即使你已經相當努力了，卻

也還是無能為力，做不了什麼：

· 你可以加熱或冷卻氣體 —— 這意味著改變它們的溫度 T；

· 你可以將氣體放置在不同大小的容器中 —— 改變它們可以占用的空間體積 V；

· 你可以壓縮或擴大氣體 —— 改變它們的壓力 p；

· 你可以添加或減少氣體，或者在極端情況下選擇另一種氣體 —— 改變粒子的數量 n 或更換使用的氣體。

事實上，古代科學家們一直在進行上述四項實驗；不幸的是，Xbox（微軟開發的家用遊戲主機）的發明離他們還很遙遠。

他們發現的第一件事是，使用的氣體越多，占用的空間就越大。你們也許會認為，這是多麼了不起的發現啊！今天，要發現這個規律，我們所要做的就是給氣球充氣，便會發現往氣球裡充越多氣，氣球的體積 V 就越大。

但是如果我們去加油站給輪胎打氣，輪胎的體積並不會增加，不過輪胎的壓力 p 會不斷增大。如果輪胎的壓力太低，你必須往裡面注入更多的空氣。如果輪胎的壓力太高了，我們就得把空氣放一些出來，這樣就可以避免騎摩托車時，一碰到路上坑坑洞洞的地面就顛來顛去了。

不過在幾個世紀前，這是一個驚人的發現，因為他們是在沒有氣球和輪胎的情況下認識這個規律的。

下面我用化學術語說給你們聽：
（也就是老師向學生提問時最想聽到的回答）

氣體在一定體積和溫度下施加的壓力，與氣體分子的數量成正比。

氣體在一定壓力和溫度下所占的體積，與氣體分子的數量成正比。

下面給大家看幾個公式來理解一下：

$$V=kN$$
$$p=kN$$

又或者：

$$V/N=k$$
$$p/N=k$$

注意 k，它是一個常數，是一個數字。這些公式告訴我們，你只需要用分子的數量 N 乘以某個常數 k，就能得到這些分子所占用的體積。

如果你不想直接寫成比例的形式，你也可以寫成 $V \propto N$ 和 $p \propto N$，這是在數學中使用的縮寫。

為了保險起見，我想補充的是，接下來公式中的每一個 k 都是一個不同的數字。你甚至不需要知道它是多少，但重要的是要知道只有一個數字 k，直接把 V 和 p 與分子數量 N 相關聯，而不是與 N 的平方，或其他更加奇怪的值。

如果 V 和 p 不是與 N 成正比，而是像下面這樣，我們所認識的世界將會大不相同：

$$V（或 p）\propto 3\sqrt{\log（1/N）}$$

> 還好 V 和 p 沒有與 N 成反比。

> 相信我，那太糟糕了。

3.5 亞佛加厥原理

亞佛加厥是一位生活在 19 世紀早期的義大利科學家，我們之前已經透過以他的名字命名的常數 N_A 認識他了。在關於氣體的這一章中，他再次成為我們的頭號人物，因為，他還發現了另一件很酷的事情。

我們的亞佛加厥在不同顏色的「容器」中，加入了不同的

氣體（他選擇了氫氣、氧氣和氮氣，但我很確定如果放入屁也是可以的）。如果當時氣球已經被發明出來了，他肯定會想用氣球的⋯⋯。

　　亞佛加厥給他所有的「容器」充氣，使它們大小相等（即保證所有氣體的體積都為 V），然後分別測量容器內部氣體的質量，並計算每個容器內氣體的莫耳數。你們還記得如何用質量 m 來計算莫耳數 n 嗎？

n=m/M，你們太棒了！

　　所以，亞佛加厥意識到每個氣球裡的莫耳數都一樣，不管裡面是什麼氣體，於是他帶著勝利的表情寫下了他的發現。

下面我用化學術語說給你們聽：
（也就是老師向學生提問時最想聽到的回答）

亞佛加厥定律：同溫、同壓時，同體積的任何氣體含有相同數目之分子。

事實上，單位莫耳氣體中的分子數 N 總是一樣的，就等於亞佛加厥常數 N_A——我們在上一章看到的那個有很多 0 的常數，你們應該還沒有忘記吧？

在亞佛加厥的幫助下，我們現在可以修改前一段中出現的公式，將大寫的 N 替換為小寫的 n，最後得到：

$$V=kn$$
$$p=kn$$

又或者：

$$V/n=k$$
$$p/n=k$$

3.6 莫耳體積：物質在標準情況下的體積

　　我們的朋友亞佛加厥是一位化學忍者，勢不可當！他還沒有寫完原理，就已經決定要測量在正常條件下，每單位莫耳氣體（任何氣體）的準確體積；這個正常條件指的是溫度為 0℃，一個標準大氣壓的情況。為什麼亞佛加厥選擇了一個如此寒冷的「正常條件」？誰知道呢，也許他有冰島血統吧……。

經過無數個日日夜夜的充氣、壓縮、計算和實驗，亞佛加厥得出結論，這個體積值是 22.4 L。他稱之為莫耳體積 V_m，因為它是 1 mol 氣體所占的體積。別這樣看著我，我之前就告訴過你們，生活在 19 世紀的人類娛樂活動是很少的！

下面我用化學術語說給你們聽：
（也就是老師向學生提問時最想聽到的回答）

在正常情況下，即在 0℃的溫度和 1 標準大氣壓的壓力條件下，1mol 氣體的體積為 22.4L。

3.7 恆定溫度下，壓力與體積成反比

在科學家們開始關注氣體實驗之初，他們就熱衷於使用注射器做實驗（嚴格意義上來說，他們使用的是沒有針頭的注射器，畢竟他們是化學家，不是瘋子！）。有一天，當波以耳先生（Robert Boyle，愛爾蘭科學家）擺弄著他的注射器，用手指堵住注射器針口時，他突然發現，當他推動活塞時，注射器裡的空氣量減少了！

啊，好吧！你們一定也會發現的……。

但是我向你們保證，波以耳是一個偉大的觀察員；當然，在三個世紀以前，成為一名科學家是一件非常棒的事情：因為當時沒有太多科學發現，幾乎每次實驗都很容易得到一些新的物理定律。

由於科學家們天生都有一點以自我為中心，所以這些定律皆是用他們自己的名字命名。

當波以耳停止推動活塞，但仍保持手指堵住注射器針口，他發現：隨著氣體體積的增加，氣體對牆壁施加的壓力逐漸減少。

最後，波以耳終於把他的手指從注射器上移開，開始撰寫一些很難的定律。

下面我用化學術語說給你們聽：
（也就是老師向學生提問時最想聽到的回答）

波以耳定律：對於容器中的定量氣體，在恆定的溫度下，
氣體的壓力值與氣體體積的乘積是恆定的。

$$pV=k$$

或者說：

下面我用化學術語說給你們聽：
（也就是老師向學生提問時最想聽到的回答）

在恆定溫度下，定量氣體所承受的壓力與它所占據的體積
成反比關係。

$$p=k/V$$

是的，你們猜對了：這兩種不同的方式說的其實是同一件
事情。

3.8 溫度升高，壓力和體積都會增加

到目前為止，所有的科學家都是在恆溫條件下，觀察氣體的壓力和體積的變化。

這就是波以耳發現 pV=k 的方式，並且他為此感到特別自豪。這種變化其實是一種等溫過程，因為這種變化發生的溫度總是恆定的。

但是現在是時候讓屋子裡暖和起來了，讓我們生個火吧，並把這個任務交給雅克・查理（Jacques Charles）和約瑟夫・路易・給呂薩克（Joseph Louis Gay-Lussac）。

這兩位勇敢的法國科學家選擇了最普通的氣體 —— 空氣。他們發現，如果加熱空氣，空氣的體積就會增加；相反的，如果冷卻空氣，空氣的體積就會減少。

因為他們沒有用蓋子把裝滿氣體的容器封上，所以容器中的氣體壓力一直保持不變；這種變化就是等壓過程。

查理試圖弄清楚溫度每升高 1℃，氣體的體積會增加多少。

經過幾個月的埋頭苦讀，消耗了大量的蠟燭和紙張，他終於研究出來，溫度每升高 1℃，氣體體積會增加 0.00366 L！

因此加熱 1 L 空氣，當溫度升高 1℃時，它的體積將變成 1.00366 L。而更神奇的是，1 除以 273 就等於 0.00366。

下面我用化學術語說給你們聽：
（也就是老師向學生提問時最想聽到的回答）

在保持氣體壓力恆定的情況下，當溫度上升 1℃時，氣體所占用體積的增加，相當於在 0℃下時氣體所占用體積的 1/273。

$$V_t = V_0 + V_0 / 273$$

其中，V_t 和 V_0 分別表示氣體在某一溫度值 t 下和 0℃條件下的體積。

好吧，現在我要試著向你們解釋這一切的實際意義，因為我在你們頭上看到了一個巨大的問號！大家知道熱氣球吧？你們有沒有想過，熱氣球下面那些燃燒器到底是幹什麼用的？我

相信你們現在應該明白了，但因為我是一個非常善良的人，所以我還是會寫下來：他們用燃燒器給空氣加熱，這樣空氣體積就會增大，熱氣球便會膨脹，最後緩緩升入高空。

與此同時，你們一定覺得給呂薩克為他的同胞和民族，留下了巨大的榮耀，但事實上，他想做的還有很多，因此他又做了一個實驗——把氣體放在一個固定體積的容器裡，也就是說這個容器的體積是無法增加的。

因為他生活的年代是 19 世紀初，當時輪胎還沒有發明出來。那麼，作為輪胎的替代品，還有什麼比一個蓋著蓋子的罐子更好的呢？接著給呂薩克開始替容器加熱，看看會發生什麼事。他發現容器沒有像熱氣球一樣膨脹，但過了一段時間，蓋子被衝開了：隨著溫度的升高，內部空氣壓力就會增加。

給你們一個小建議：顯然給呂薩克太太對她丈夫做的這些實驗很有耐心，但是我們不能保證你們的媽媽也會有同樣的寬容。所以，請大家遠離廚房和鍋碗瓢盆。

這就是化學老師所說的「等容過程」，因為體積是恆定的，至少在蓋子被彈開之前是這樣。

因此，給呂薩克從查理的恆壓變化定律中汲取靈感（其實就是抄襲），寫下了這樣的定律：

下面我用化學術語說給你們聽：

（也就是老師向學生提問時最想聽到的回答）

在保持氣體體積不變的情況下，溫度每上升 1℃，氣體壓力將會增加 p0（在 0℃溫度下氣體所施加的壓力）的 1/273。

$$pt = p0+p0/273$$

注意！1/273 的值在等壓定律和等容定律中都是一樣的。如果老師真的想吹毛求疵，那就順便告訴他，比例係數的精確值其實是 1/273.16。

我們來總結一下這兩個「法國定律」：

下面我用化學術語說給你們聽：

（也就是老師向學生提問時最想聽到的回答）

如果我們保持壓力恆定，加熱氣體使其溫度升高 1℃，它的體積會增加 1/273。

如果體積保持不變，加熱氣體使其溫度升高 1℃，氣體壓力增加 1/273。

當然，如果我們不加熱而是冷卻氣體使其溫度降低 1℃，氣體的體積或壓力也會相應減少 1/273。

好的，關於壓力和體積的變化我們都完成了。

在繼續之前，讓我們對查理和給呂薩克，在尋找他們偉大定律的過程中炸毀的所有法國化學實驗室，致以崇高的敬意和深深的同情。

3.9 熱力學溫標 —— 絕對溫度

下面我們即將要迎接一個很難的概念，你們準備好了嗎？很好，在這一章中，你們將會看到英國人克耳文（Kelvin），一個不需要擺弄氣球或罐子就能出名的科學家！

克耳文繼續沿用了「法國定律」的內容，只是改變了用來測量溫度的標準和單位。

讓我來解釋一下：克耳文是用來測量溫度 t（我們用小寫字母 t 來表示溫度）的單位，不是我們每天都會使用到，那個 0℃ 時冰會融化、100℃時水會沸騰的攝氏溫度（℃）；而是用熱力學溫度來表示的克氏溫標，我們用大寫的 T 來表示。

我的意思是，克耳文發明了他自己的溫度標準，也就是，冰融化的溫度是 273K（273 克氏溫標），水沸騰的溫度則是 373K（373 克氏溫標）。

現在你們可能會想：克耳文是不是笨蛋呀？事實上，他是一個真正的天才，因為當我們用克耳文溫度來測量溫度時，給呂薩克和查理的定律會變得更加簡單：

$$p=kT \;；V=kT$$

或者：

$$p/T=k \;；V/T=k$$

那麼，如何實現這兩個單位之間的轉換？其實這不太難，大家可以放心。如果自己算得出來，那就太棒了！或者也可以參考一下你們的「官方教材」。

但是你們要知道，沒有什麼比「0K」（絕對零度）更冷的了。絕對沒有，我向你們保證，甚至在雅庫次克（俄羅斯薩哈共和國首府，世界上最冷的城市）也不可能，儘管那裡的冬天真的非常非常非常冷。

孩子們，我再重申一遍，克耳文是個非常偉大的人：他發明了一個沒有負值的溫度標準。0K 相當於 -273.15℃，應該是理論上可能的最低溫度了，但是目前還沒有在現實中達到。

抱怨天氣太冷的人，就回去陪克耳文吧！

你們一定想知道，在 0K 時到底會發生什麼事對吧！

可以肯定的是，它沒什麼特別的：只是我們的氣體體積和壓力都會變成 0，這意味著組成它的粒子將沒有任何能量來移動和撞擊容器的器壁，而沒有能量和體積，就沒有粒子。

想像一下絕對零度以下的溫度——那真是太瘋狂了！氣體粒子的體積和壓力將會變成負的，這樣的條件不可能達成，在自然界中沒有任何意義。至少，在我所處的世界裡是這樣。

3.10 理想氣體方程式

加油加油，快結束了。不，不，不，我們還沒有學完全部的化學，但是我們可以結束關於氣體的章節了。

在這一節的開頭，我們先來總結前面學過的體積知識：

· 亞佛加厥原理：$V=kn$，因此 $V \propto n$。「成比例」的符號是這樣寫的，你們還記得嗎？

· 波以耳等溫定律：$V \propto 1/p$

· 查理等壓定律：$V \propto T$

因為：

$$V \propto nT/p$$

所以：

$$V= 常數 \ nT/p$$

我們把這個常數稱為「理想氣體常數」，符號為 R。
讓我重新寫一下上面的方程式：

$$V=RnT/p$$

由此：

$$pV=nRT$$

其中，p 是壓力值；V 是體積值；n 是氣體的莫耳數；T 是
溫度值，以克氏溫標為單位進行測量。

這就是理想氣體的方程式，適用於理想氣體的任何變化。
如果我們把壓力放在式子的左邊，也會得到完全相同的結果。

大家仔細觀察：

- 亞佛加厥原理：$p \propto n$（見上一段）
- 波以耳等溫定律：$p \propto 1/V$
- 查理等壓定律：$p \propto T$

$$p= 常數\ nT/V$$

由此：

$$pV=nRT$$

很遺憾的告訴大家，這是你們「必須」記住的一個公式。下面讓我們捲起袖子，開始使用它吧！

為了增加一些樂趣，讓我們計算一下在正常情況下，也就是標準大氣壓和 0℃的情況下，1mol 氣體的 R 值。

我們只需要把方程式顛倒過來：

$$R=pV/（nT）$$

然後我們把這個公式中的所有值都替換掉：

R=1.013×22.4÷1÷273=0.08331 bar・L/（mol・K）

如果你想在標準大氣壓下表示壓力值，那麼常數 R 的值就是 0.0821。哦，真是奇蹟中的奇蹟。

R=1×22.4÷1÷273 = 0.0821 atm・L /（mol・K）

如果下一章關於液體，那是不是我就可以在電梯裡噓噓了？

天哪！

好了，這一章真的結束了。

你們現在都是氣體和氣態方面的專家了，拜託大家，如果你們一定要在電梯裡放屁，千萬別被發現！

第四章

4.1 液體的形狀會隨容器變化

4.2 蒸發：從液體變成氣體的過程

4.3 飽和蒸氣：蒸發凝結達到動態平衡

4.4 分子量越小的物質越容易蒸發

4.5 沸騰：蒸氣壓力與外部壓力相等

4.6 氣壓越低，水的沸點就越低

4.7 蒸餾可以讓海水變成飲用水

4.8 為什麼壓力鍋煮菜比較快？

液體：它的體積不可壓縮

你們是不是以為，講完氣體的狀態，下面應該說說水的狀態，也就是「水態」？

其實不是這樣的，化學裡面沒有「水態」這種說法。

不過你們可以放心，我們用的是一個非常好記的化學名詞——液態。

4.1 液體的形狀會隨容器變化

我們先從幾句看起來顯而易見的道理說起，不過我相信學校的化學老師會希望你們記住的：

下面我用化學術語說給你們聽：
（也就是老師向學生提問時最想聽到的回答）

液體沒有自己的形狀，而是隨著容器的形狀變化；但是液體有自己的體積，且不可壓縮。

大家需要記住一件重要的事情：不管壓力 p 發生了什麼，液體的體積 V 是恆定的。想像一下，如果你把氣球裝滿水，使勁擠，什麼也不會發生；最多也就是擠破後噴你一臉水。

當 18 世紀的科學家們了解到擠壓裝滿水的注射器，只會讓自己全身溼透後，他們很快就開始了其他可以和液體和平相處的有趣實驗。

好消息是，科學家們沒有給我們留下什麼理想液體定律。

你們懂的， pV=nRT 對液體起不了作用，在液體的環節可以先忘掉這個公式了。什麼，你們早就不記得了？

你們……很好……。

壞消息是，儘管如此，這一章的內容也不會在十行之後就草草結束， 所以現在我要開始說說別的內容了。例如：

就像氣體中的粒子一樣，液體中的粒子也在不斷的移動，占據它們所能得到的所有體積。

不過這些粒子只會留在液體內部，不會像氣體粒子一樣到處飛，因為它們不能完全分解連接自己的力，也就是所謂的分子鍵。

就好像你們的媽媽又一次嘮叨該寫家庭作業時，你們砰的一聲奪門而出。通常情況下，在感到內疚之前，你們能走到的最遠地方也就是門口而已：媽媽永遠都是媽媽，你們之間的關係很難被打破！

但是如果你們和媽媽吵架之後，一個人跑出去，去迪士尼樂園玩了兩個星期。那麼你們就得發揮一些想像力來理解一下，這是液體的什麼行為。

大家可能會想到蒸發，不錯，這就是我們的下一個課題。

4.2 蒸發：從液體變成氣體的過程

不是組成液體的所有粒子都擁有相同的能量：有些粒子的能量較低，我們稱之為「平靜」粒子；而其他一些能量很高的粒子（「破壞」粒子），它們能夠在瞬間打破這些把它們與其他粒子相連接的分子間作用力，從液體中逃離出去。

當這些非常活躍的破壞粒子位於液體內部時，它們會立即被周圍的平靜粒子淹沒而同化，恢復到平靜的狀態，返回原本的位置。

然而，如果一個破壞粒子恰好位於液體表面的位置，周圍幾乎沒有任何的平靜粒子，那麼破壞粒子就會從液體中逃離，進入蒸氣狀態。終於可以自由自在的去迪士尼樂園玩耍了！

在沸騰溫度條件下，物體從液體狀態過渡到蒸氣狀態的過程，便稱為「蒸發」。之後，當蒸氣遇冷又變回液體時，這個過程就是「液化」。

下次你們洗澡時，我想請你們觀察一下霧氣繚繞的浴室，這其實是水蒸發而產生的水蒸氣。你們有沒有注意到鏡子上也

蒙上一層厚厚的霧？這是因為水蒸氣遇到冰冷的鏡面發生液化又重新變成水滴，你們看到的其實就是液化反應！

明白了嗎？如果家人抱怨你們洗澡花了太長時間，現在就可以理直氣壯的回答：「我正在完成一項偉大的科學實驗。」

4.3 飽和蒸氣：蒸發凝結達到動態平衡

大家請注意，浴室是進行液體試驗的理想場所。別傻笑了，按照這些簡單的指示去做：關閉好門窗，跳進浴缸裡。在熱水注滿浴缸的過程中，觀察上升的水蒸氣。是不是特別放鬆？

你們要記住：蒸發影響的只是液體表面的分子，因此液體暴露的表面積越大（也就是說，家裡的浴缸越大），液體進入蒸氣狀態的速度就越快。

突然間，外面排隊等著洗澡的人，在苦苦等待了好幾個小時之後，忍無可忍把總水閥給關上了。你們驚訝的大聲叫喊，但同時也發現，多虧了他們的介入，又出現了另一個重大的科學發現：水蒸氣凝結在水面上，逐漸回到液態。

與此同時，其他的水分子變成水蒸氣飛向天花板，所有的水分子都在你們的周圍運動著，直到在某一時刻，蒸發的粒子

的數量和凝結的粒子的數量一樣。

孩子們，我想讓你們知道，你們剛剛目睹了一種「動態平衡」的形成：一種由兩個相反的過程（液化和蒸發），以相同的速度進行而維持的穩定平衡。

下面我用化學術語說給你們聽：
（也就是老師向學生提問時最想聽到的回答）

與同種物質的液體處於動態平衡的蒸氣，被稱為飽和蒸氣。

在達到飽和狀態時，浴室裡的蒸氣含量就已經到了最大值：因為只要有一個液態水分子進入蒸氣狀態，就會有另一個蒸氣水分子變成液態。

不過還是請大家快點從浴室裡出來吧，外面可排著隊呢！

4.4 分子量越小的物質越容易蒸發

　　根據我們剛剛所學到的，裝在容器裡的液體可不會老老實實的待在那裡。雖然看起來似乎什麼都沒發生，但實際上有些粒子已經蒸發，開始以蒸氣的形式飄浮在空氣中。

現在，我們假設考試時老師要求你們計算出：在給定溫度下、封閉容器裡，一定莫耳數的液體化合物中所產生的蒸氣壓力有多大？

不要驚慌，因為蒸氣是氣態的（你們不會真的以為已經擺脫氣態的章節了吧？），所以你們仍然可以用 pV=nRT 這個公式！每種液體都有自己獨特的蒸氣壓；最容易蒸發的液體將有更大的壓力，也稱為「飽和蒸氣壓」。那些寧願保持液態也不變成氣態的液體，則會產生較小的蒸氣壓。

我知道你們一定在想：有沒有一種簡單的方法，可以判斷某種物質是更傾向於保持液體狀態，還是更容易變成蒸氣狀態？事實上，簡單的方法是不存在的，我們能做的就是扮演偵探，尋找蛛絲馬跡。

首先你們要記住，**在同類的物質中，分子量越小的物質越容易蒸發**。在甲醇（CH_3OH）和乙醇（CH_3CH_2OH）之間，分子量更小的是甲醇，它有更大的蒸氣壓，會最先蒸發。

然而，不幸的是，也有許多例外。例如，酒精的分子量相當大，比分子量非常小的水分子更易揮發，這是因為連接水分子的分子間作用力比酒精的更大。

事實上，關於這一點並沒有明確的規則，但是根據到目前為止對蒸發的了解，你們可以押上所有的財產來打個賭，爸爸忘記蓋蓋子的那瓶琴酒，一週之後就一定會變空！相反的，一瓶水就算蓋子打開幾個月，也少不了多少。

下面我用化學術語說給你們聽：
（也就是老師向學生提問時最想聽到的回答）

分子間作用力越強，分子就越難以獲得足夠的能量來分解和蒸發，液體的蒸氣壓就越小。

而有一種有效的方法，能夠保證液體蒸發，那就是加熱它。事實上，隨著溫度升高，很多粒子都會獲得足夠的能量來打破與其他粒子之間的作用力，從而進入蒸氣狀態。

這就是為什麼媽媽在煮花椰菜時聞起來會更臭！

同樣的原因，當你將香水噴在手腕上，是不是會習慣摩擦一下手腕？在香水接觸到你的皮膚時，它也會因摩擦而加熱，香水的蒸氣張力會增加，所以就有越來越多的氣味顆粒飛向你的鼻子。

花椰菜香水真棒！

我們來總結一下：

下面我用化學術語說給你們聽：
（也就是老師向學生提問時最想聽到的回答）

液體的蒸氣壓隨溫度的升高而增大，隨質量的增加和分子間作用力強度的增大而減少。

4.5 沸騰：蒸氣壓力與外部壓力相等

來吧，孩子們，我們這一章也快結束了！

我們之前已經發現：在某些特定的條件下，只有暴露在液體表面的破壞分子才會發生蒸發現象；而且，如果其中一個氣態分子進入到液體內部，它會立刻受到來自圍繞在它周圍的平靜液體分子的壓力。

我們暫時撇開「平靜與破壞」的分子比喻不談，大家試著想像一下，當你試圖在高峰時間，從擁擠的公共汽車上擠下來

時。為了能夠順利下車回家，你們必須先擠到門口的位置，也就是液體和空氣的交界面。只要擠在你們周圍的人都讓開，那麼擠到門口還不算太難。

現在我們試著給「巴士」加熱，當然是理論上的加熱！當液體溫度升高時，蒸氣壓就會增加。在繼續加熱的過程中，待溫度達到一定程度時，液體內部的蒸氣壓將會與外部壓力相等。

在這個溫度下，液體內部的分子也會發生蒸發現象：形成的「破壞」蒸氣不再受到來自「平靜」粒子的壓力，因為蒸氣內部的壓力和外部的壓力是一樣的；這種狀態就是我們所說的「沸騰」。

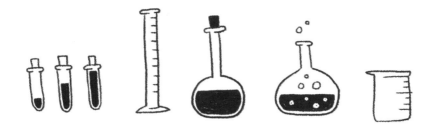

當液體的蒸氣壓與外部壓力相同時，液體就會沸騰。

沸騰會影響整個液體，不僅僅是它的表面；蒸發也是一樣，大家可以把沸騰看作是液體的「完全蒸發」，當液體達到沸騰溫度時就會發生。

這就像是用火去燒公共汽車，創造出成千上萬的出口一樣。儘管那樣很方便，但是你們不是液體；而即使你們還未成年，如果真這麼做了，你們可能在還沒學完這章之前就被關進監獄！

4.6 氣壓越低，水的沸點就越低

總結一下前面幾個小節：為了使容器中的液體沸騰，我們需要加熱液體，直到蒸氣壓達到大氣壓的值，而我們要達到的溫度就叫做「沸點」。我希望到目前為止，大家都聽懂了。

反問句：難道液體的沸點都一樣嗎？

回答：別做夢了，不可能！沸點是會變化的。

痛苦的問題：什麼時候會改變呢？變化有多大？如何變化？為什麼會變化呢？花椰菜呢，也會變化嗎？

好吧，讓我們慢慢來，不要驚慌。

是不是我們看著它，它就會有所變化？

不是。「你看著鍋的時候它從不沸騰」是一句沒有科學依據的諺語！數百項非常徹底的研究清楚表明，即使你們一直站在那裡盯著水看，水也不會因為沸騰而感到羞恥。

還是隨著液體的種類而變化？

是的。如果液體非常不穩定，也就是說，如果液體的蒸氣壓力很高，那麼只需要稍微加熱，液體就可以沸騰；相反的，如果液體的蒸氣壓力較低，則必須更大幅度的提高液體溫度，才能讓液體的蒸氣壓達到大氣壓的水準。

現在我要給你們看一個小實驗，我再重申一遍，這個實驗不要在家裡做！我們先取一些乙醚、乙醇和水，分別用三種不同的鍋煮沸，看看會發生什麼事。

乙醚，化學式為 $CH_3CH_2OCH_2CH_3$，是一種比化學書更能讓人入睡的麻醉劑，在 34.6°C 時就會沸騰；而乙醇沸騰需要加熱到 78°C；正如大家都知道的，要讓水沸騰，溫度需要達到 100°C。

當這三種液體都沸騰時，除了有被乙醚麻醉、一覺醒來渾身溼透的可能之外，我們還能證明水分子是由比乙醚分子更強的分子鍵連接在一起的。相比之下，乙醇粒子之間的結合力正

好介於乙醚和水之間。

那麼沸點會隨著外部壓力的不同而變化嗎？

是的。例如，你們在滑雪後想吃一盤義大利麵，請記住，在較高海拔的地方，大氣壓會比較低，因此液體會在較低的溫度條件下沸騰。所以你在海拔 3,300m 的山間小屋裡燒水時，水在 90℃時就會達到大氣壓的值，開始沸騰。

因此：

下面我用化學術語說給你們聽：
（也就是老師向學生提問時最想聽到的回答）

外部氣壓越低，水的沸點就越低。

4.7 蒸餾可以讓海水變成飲用水

現在，讓我們舉一個例子：假設你們迷失在一座荒島上，你們又餓又渴了，但是好幾天沒下雨了。不，是好幾個月沒下雨了！

我們都知道喝海水是不可能的，但我要告訴你們一個祕密，它能讓你們再活一段時間！只要點燃火堆，然後把海水燒開，讓水蒸氣凝結在其他容器中，比如在一片大樹葉上，就可以輕鬆得到飲用水了。

恭喜！你們成功發明了一個蒸餾器，並利用這個機器製造出不含鹽的蒸餾水。這個水看起來平淡無奇，但絕對可以喝；如果可以和其他倖存者一起喝，那就意味著你們也救了他們的性命。

下面我用化學術語說給你們聽：
（也就是老師向學生提問時最想聽到的回答）

　　蒸餾是一種利用混合液體，或液、固體中各成分的沸點不同，使各成分蒸發，再收集其蒸氣冷凝液的過程。

　　另一個透過蒸餾給人留下深刻印象的好機會，是使用一種通常隱藏在地下室或車庫的機器。這種器具比在荒島上使用的蒸餾器稍微複雜一點，也仍然需要一個加熱容器，例如一個燒瓶或一個玻璃圓瓶，一個冷卻蒸氣的裝置，以及另一個收集冷凝液的容器。

　　順便說一下：該工具的科學用途其實是用來蒸餾發酵物，如小麥、水果、蜂蜜、馬鈴薯、葡萄等，以獲得一定量的蒸餾物，即水、酒精和各種物質的混合物。

　　對於那些「不熟悉化學」的人，他們會把這種混合物稱為威士忌、伏特加、白蘭地、琴酒等。

　　最後一種蒸餾的過程被稱為分餾，因為它是在水的沸點以下加熱， 通常在 65℃ ～ 70℃左右，這樣蒸發的水就會和我們蒸餾的酒精一起循環，從而大大提高了酒精含量。

4.8 為什麼壓力鍋煮菜比較快？

在你們跑去蒸餾媽媽剛種下的紫羅蘭之前，再稍等兩分鐘，讓我們一起來看看壓力鍋是怎麼工作的。這樣的話，如果媽媽不讓你做紫羅蘭琴酒，至少你可以把它和花椰菜一起煮成湯！

在壓力鍋內，因為容器是封閉的，所以我們加熱壓力鍋時產生的蒸氣就會被困在鍋裡，鍋內沸騰水面上方的壓力就會不斷增大。

通常情況下，當內部壓力達到兩個標準大氣壓時，是的，也就是正常壓力的兩倍，壓力鍋的蓋子就會開始吹口哨。

在這麼高的壓力條件下，水的沸點將達到 120℃，所以即使超過 100℃，水也不會沸騰。

現在想像一下，奶奶在 115℃的液態水中煮花椰菜的速度有多快！

我已經看見你們在流口水啦！

好了，孩子們，你們可以把液態這一章收起來，準備歡迎固態吧。

你們要做的就是翻到下一頁！

第五章

5.1　固體是靜止不動的嗎？

5.2　固體的性質：延性、展性、硬度

5.3　晶體和非晶質固體

固體：有固定的形狀和體積

5.1 固體是靜止不動的嗎？

到了海邊之後，你會看到滿滿的液體在你眼前（也就是大海），而等到海浪退去之後，被你踩在腳下的那些沙子，就是「固態」。來吧，我知道這個名字沒什麼想像力，但至少它很容易記住！

讓我們先從定義開始，這樣就可以更輕易的從生活中找到它們。

下面我用化學術語說給你們聽：
（也就是老師向學生提問時最想聽到的回答）

固體有自己的形狀和體積，不能壓縮。

在固體狀態下，粒子被非常強大的結合力連接在一起。因此，它們不能自由移動：它們占據固定的位置，而且往往被鎖在高度結構化的三維空間中。

沒錯，我們上面描述的這種結構，其實就是晶體。

我有一種模糊的感覺，你們一定在想：我的天，固體到底是什麼鬼？

我承認這一點我可以理解，所以你們先去公園裡呼吸點新鮮空氣吧。

嘿，我說的是簡單兜一圈，不是兩個小時的徒步旅行唷！

信不信由你，我把你送到小花園裡純粹是為了教你化學。來吧，現在想想在那裡都看到了什麼，不，我不是要你們告訴我邂逅了某個漂亮的金髮女郎，或者是哪個藍眼睛的男孩子。

　　我相信你們應該會注意到在公園的每個角落，有成群的孩子們像剛剛學的氣體一樣，不知疲倦的跑來跑去。

　　而你們可能也會注意到，他們的爸爸、媽媽只能像液體一樣，在小巷裡跌跌撞撞，試圖跟上孩子們的步伐。

還有爺爺、奶奶，他們的身體非常僵硬，一動也不動的坐在長椅上，最多也就是忙著討論哪個牌子的假牙牙膏最好用。

即使是爺爺、奶奶，或者說，即使是一個在我們看來靜止不動的固體，但實際上構成它的粒子仍在連續且非常快速的運動著：每個粒子都像爺爺的假牙一樣振動著，在原來的位置附近游移。固體的這些運動，被稱為「振動」運動。

在液體中，除了會發生振動之外，還可以進行平移和轉動；液體顆粒的平移，就像我們上面說的爸爸和媽媽一樣，目的是在公園中找到自己的孩子。至於轉動，你們可以想像一下：當父母試圖將氣體一樣亂竄的兒子從樹上拉下來時，那圍著樹暈頭轉向的模樣。

正如你們所知，對於氣態物質，這三種運動的速度會更快，而且會朝著所處空間的「任何方向」進行。

粒子的運動速度會隨溫度而增加，當我們加熱某個固態、液態或氣態物質時，我們其實是以熱量的形式，向構成它的顆粒傳遞一定的能量，從而加快了顆粒的運動，同時也導致了物質溫度升高。

下面我用化學術語說給你們聽：
（也就是老師向學生提問時最想聽到的回答）

物體的溫度是其粒子運動能量的指標。

5.2 固體的性質：延性、展性、硬度

現在，我向你們介紹三個「非常友好」的新朋友：展性、延性和硬度。固體的這些特性會隨著物質類型和結構的不同，以及構成該物質粒子之間結合強度的變化而改變。

展性是固體可壓製成薄片的能力。金屬，例如金、錫或鋁，是最具展性的固體。

例如，媽媽用來包裹三明治的那些紙，其實是用鋁製成的。

延性是固體被拉伸為細線的能力。同樣，延性最高的固體也是金屬，尤其是鉑和銀。

試想一下，為什麼我們通常遇到的金屬線不是鉑，而是鐵，

或者頂多是銅？你們猜得沒錯：因為它們的成本更低！

硬度是指某種物質不被刮傷的程度，即物質表面不會丟失顆粒的能力。當連接其顆粒的鍵非常牢固時，固體就具有很高的硬度。

下面要輪到我們嚴謹的腓特烈・摩斯（Friedrich Mohs）先生出場了，他就是發明「莫氏硬度」的人。這位 19 世紀初期的奧地利－德國籍的紳士，想到了一個絕妙的主意，那就是與他的礦物學家朋友們一起，規畫了一場比賽，比比看哪個固體的硬度最大。

下面我用化學術語說給你們聽：
（也就是老師向學生提問時最想聽到的回答）

固體可以刻劃其他硬度更低的固體，同時也會被其他硬度更高的固體劃出刮痕。

這場實驗花了摩斯整整一週，來檢查和記錄那些劃傷其他固體的固體，以及被劃傷的固體（我知道有點繞口），並按照他的硬度標準排列出這些美麗的礦物質，他謙虛的給這個標準起了一個名字 —— 莫氏硬度。

當摩斯最終完成所有的刻劃操作時，他高興的宣布滑石是最軟的礦物，而自然界中最堅硬的固體是鑽石。

這是莫氏硬度裡從 1 到 10 級別硬度對應的物質：滑石、石膏、方解石、 螢石、磷灰石、正長石、石英、黃玉、剛玉、鑽石。

不幸的是，摩斯先生沒有辦法使用所有貴重的寶石；但讓我告訴你一些祕密：祖母綠就像黃玉一樣堅硬，至於藍寶石和紅寶石，不過是不同顏色的剛玉品種而已。

不知道摩斯先生是否有將最堅硬的固體歸還給它的合法所有者，但是，我可以肯定的說，那些借給他磷灰石和正長石的人肯定會把它們收回去的。

警告！不要急著用錘子敲打你姨媽手上的鑽石：鑽石雖然很堅硬，但不是無堅不摧。

相反，堅硬的物質通常也非常易碎，這裡的易碎性指的是物質不抗衝擊的特性；我們也可以說，**易碎性與延展性相反**。

請相信我，你姨媽的鑽石是非常脆弱的，快放回去！

玻璃就是一個易碎固體的典型例子：它很難被劃傷，但很容易破裂，例如一顆天外飛來的球。

5.3 晶體和非晶質固體

當我們冷卻液體時，會形成固體；而要變成固態的液體顆粒，必須放棄它們所處的無序分布狀態，並以有組織的穩定方式重新組合。

你們可以想像一下，在媽媽的強迫下整理架子上散亂 CD 的過程。

如果你們有足夠的時間，我相信你們可以將它們整齊的放在音響上方的架子上；但如果你們因為沉浸在美妙的音樂中而忘記了時間，導致只剩下 5 分鐘的時間來整理 CD，那就把這些 CD 全部扔到一個大盒子裡，並將它們藏到衣櫃裡吧。

同樣，如果我們將液體緩慢冷卻，並且讓顆粒有足夠的時間按順序排列，形成盡可能多的鍵，並保持原子之間的距離，那麼固體顆粒將以規則的順序排列，便會誕生晶體，也就是具有一定規律的固體結構；這些粒子就處在立體結構的頂點。

結晶固體會形成多面體，即每個面都是平面的幾何固體，這也是每種物質的特徵。

結晶固體的形狀取決於顆粒在空間中的排列形式，即取決於其晶格。

如果你們打開學校的化學課本，你們肯定會看到食鹽的例子，食鹽粒子會形成立方體，鈉和氯離子交替出現在各個面上。我說的對吧？哎呀，早知道我就應該跟你們打賭，賭注就是你們姨媽的鑽石……。

下面我用化學術語說給你們聽：
（也就是老師向學生提問時最想聽到的回答）

晶格的結構包括：
- 結點：即晶體原子所在的點；
- 晶列：即結點的集合，有固定的距離；
- 晶胞：即晶體結構的最小重複單元。

如果液體迅速冷卻，那麼顆粒將沒有時間形成有序結構。然而，液體的固化，通常不會形成結晶固體的結構，而會出現非晶質固體，其中的顆粒不會按照規則的結構排列。就好像你們塞進衣櫥裡的那些 CD，散亂的分布在盒子裡。

　　玻璃和石英都是由氧原子和矽原子鍵合而形成的。但是，石英是晶體，而玻璃是非晶質固體。

　　看一下下面的圖片，然後試著猜猜：哪一個是玻璃杯？來吧，你有 50％的機會獲得正確的答案！

　　答案是：玻璃杯在右邊。玻璃的粒子幾乎像液態一樣隨機排列，只是它們被困在原處並且不再流動；就像處在平移運動結束時，你們還記得嗎？

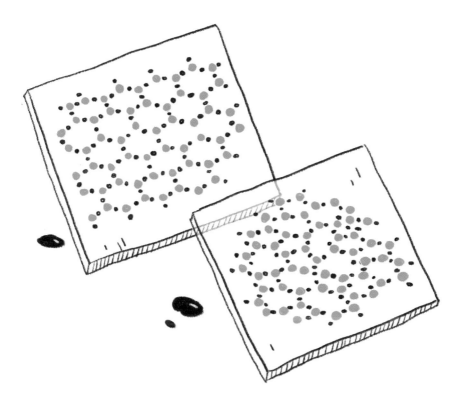

非晶質固體的原子越接近，粒子之間的作用力就越大。當我們加熱玻璃時，原子之間最弱的鍵會先斷裂，從而讓固體開始軟化。

如果繼續加熱，所有的鍵都將斷裂，那麼玻璃就會熔化。

換句話說，石英會在非常精確的溫度下變成液體，但玻璃在熔融前會變軟，成為半流體，因此可用來塑型。你們記得爸爸收藏的那套玻璃動物雕像吧？沒錯，它們就是透過軟化過程製成的！

如果你們喜歡某個人⋯⋯

可不要試圖透過熔化窗戶來打動他哦！

6.1　熔化溫度能幫助你判別物質

6.2　比熱：升高溫度需要的熱量

6.3　潛熱：為什麼冰塊融化，溫度不會上升？

6.4　加熱曲線，就像搭手扶梯

6.5　凝華與昇華：固態與氣態的直接轉化

注意：在這一章中，大家必須表現得非常努力。你們得打起精神，觀察物質由氣態變成液態，液態變成固態，甚至氣態直接變成固態的過程。然後，在還沒有筋疲力盡之前，還需要關注這些變化的相反過程。

這些所有的變化過程，被稱為「相變」（物態變化），如果可以聚精會神觀察完所有的過程，那麼就可以稱自己為「化學禪宗大師」啦！

第一個好消息是，我們已經看過了液態和氣態相互之間的

轉化。你們都清楚我說的是沸騰和凝結對吧？很好。

所以，物態變化只剩下四個過程了，讓我們先從前兩個開始吧。

6.1 熔化溫度能幫助你判別物質

第二個好消息是：熔化的過程和沸騰的過程是一樣的。還記得我們說的那個公車比喻嗎？從公車上拚命擠出去的乘客，就像是蒸發掉的蒸氣一樣。

因此，為了升高固體的溫度，我們要給它提供能量，粒子的振動強度也隨之增加。

繼續加熱後，當溫度達到一定的數值，粒子獲得的能量超過了粒子之間的鍵力，粒子開始自由流動起來，固體就失去了它原本的形狀 —— 成為液體。在這種狀態下，我們會說固體融化了，專業用語為「熔化」。

相反，如果我們冷卻一種液體，它的粒子能量就會下降，

直到形成非結晶或結晶的固體，這一點我們在前面關於固體的章節中已經學過。如果我現在告訴你們，把液體變成固體的過程叫凝固，應該不會讓你太意外吧！

好吧，我承認，化學有時候的確非常乏味，有一部分原因也是因為固體是如此的……靜止。想解決這個問題，就讓我們回到上一章關於公車的那個話題。

當我們用特製的噴火器，幫公車上的座椅加熱時，很快你們就會發現椅子變得柔軟，並開始「流動」起來，愉快的跟隨你們一起找到出口。

請你們保持專注，不要被鄰座乘客燃燒的屁股分散注意力，因為這是此次實驗的關鍵階段：你們有沒有注意到乘客的塑膠座椅，比公車司機的鐵座椅熔化得更快？好吧，我希望司機們的座椅不是真正的鐵座椅，但我需要解釋一下：

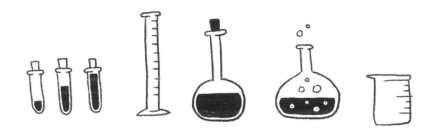

下面我用化學術語說給你們聽：
（也就是老師向學生提問時最想聽到的回答）

每種材料都有自己的熔化和凝固的溫度。

如果固體的粒子被比較牢固的鍵連接在一起，例如司機的鐵座椅，那麼解開這些鍵就需要更大量的能量，熔化的溫度也就會很高。

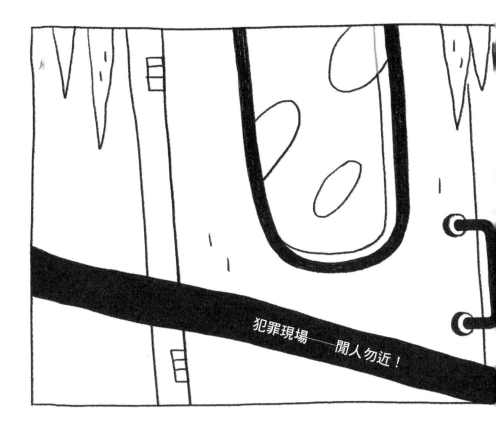

犯罪現場——閒人勿近！

熔化溫度較低的固體，在這種情況下，也就是乘客的塑膠椅子，它的粒子鍵相對就較弱。

因為每種物質都有自己獨特的熔化溫度，當你們在附近的公園裡散步時遇到一種不知名的物質，就可以透過測量它熔化時的溫度來了解它是什麼物質；就像《CSI 犯罪現場》中告訴過我們的那樣。

例如，純水凝固（或者相反的過程，冰融化）的溫度在 0℃

左右，所以，如果一種神祕的液體在冷卻到 0℃ 後就變成固體，那顯然就是水。

讓我們嘗試一些更酷的東西：請打開冰箱，在裡面放一個溫度計，或許你們應該事先告訴媽媽，自己並不是想測量冷凍蔬菜的溫度而已，而是在做一個非常重要的科學實驗。

現在請注意，如果你的冰箱能冷卻到 -39℃，溫度計裡的水銀也會凝固！如果沒有凝固，也不要太難過，因為家用冰箱通常不會低於 -20℃ 。另一方面，對於我們普通人來說，最低溫度其實只需要低於冰淇淋的熔點就可以了，如果是帶巧克力碎片的那種口味更好！

《CSI 犯罪現場》的冰箱溫度肯定可以設定到 -80℃，在這個溫度下，二氧化碳都會凝固成固體。這個時候你們應該感嘆一句：「哇，好酷！」

6.2 比熱：升高溫度需要的熱量

我有一種感覺，你們是不是已經發現，在這一章中，我們

所要做的就是加熱和冷卻東西。那麼讓我們從一個非常簡單的定義開始吧！

下面我用化學術語說給你們聽：
（也就是老師向學生提問時最想聽到的回答）

一種物質的比熱指的是，1g 該物質溫度升高 1℃需要吸收的熱量。

是不是很簡單？這也意味著，如果我們在同一個爐子上加熱兩種不同的材料 —— 給它們同樣的熱量，它們將達到不同的溫度。

還記得去年夏天，你們在鐵滑梯上燒傷屁股的事嗎？那感覺是不是超過了 1,000℃？然而，空氣顯然沒有那麼熱；事實上，這是因為空氣的比熱是金屬的好幾倍，這就意味著金屬達到令人難以忍受的溫度，所需要的熱量要比空氣少得多。

自然界中需要最多熱量來提高溫度的物質其實是水，它可以吸收或釋放很多熱量而不改變溫度。水的高比熱解釋了為什麼在靠近大海的地方，夏天和冬天的氣候都很溫和。事實上，

太陽的熱量和西伯利亞的寒冷都被海水吸收了，海水的溫度只會輕微的上升或下降，使得空氣的溫度也幾乎沒有什麼變化。

現在我們來看看歷史。別擔心，沒有原始人、沒有亞述人，也沒有巴比倫人，我們說的還是化學！

在你們出生之前，熱量就已經是用卡路里（cal）來計量了，卡路里的定義是將 1g 水的溫度提高 1℃所需要的熱量。因此，水的比熱是 1 卡路里／每克攝氏溫度，或者可以寫成 1cal/（g・℃）。

但是，正如我們已經多次提到的，由於科學家們都是在「簡

哎唷！

單事務複雜化辦公室」工作，所以他們決定使用「焦耳」（J）來表示熱量，水的比熱變成了 4.18 J/（g・℃）。驚喜吧！

只有那些安裝鍋爐的工人和營養師，仍堅持使用卡路里而不是焦耳，但我相信，遲早會有人提出一種「低焦耳飲食」。

6.3 潛熱：為什麼冰塊融化，溫度不會上升？

這一小節我想要有一個充滿活力的開始：讓我們拿出一些固體的東西，然後加熱它們！

燙死了！

先從最普通的冰塊開始，就是你們從冰箱裡可以找到的普通冰塊；是的，就是爸爸用來做雞尾酒的那種。把它們放在一個又大又結實的鍋子裡，然後在裡面放一個溫度計。現在，拿出你們所有的耐心，記錄下每個時刻的溫度。

顯然，鍋裡的冰塊會融化得很快，但是請大家注意，因為真正偉大的科學發現來了：鍋裡的溫度計始終保持在 0℃，儘管我猜你們家裡至少有 18℃，但溫度居然停在 0℃ 不動了！不，溫度計沒有壞，是因為冰的溫度的確沒有變化。化學家把這種現象稱之為「熱滯」。

只有在最後一個冰塊融化後，水溫才會慢慢恢復到你們家裡的溫度。如果你們不想因為不停打哈欠而扭傷下巴，就讓我們面對現實吧，這不是一個短暫的過程，我建議你們先去吃點零食，或者去散散步也可以，反正一旦水溫達到你們廚房裡的室溫，它就不會改變了。

現在請把裝了水的鍋子放在爐子上，開始加熱並記錄下水的溫度變化吧！40℃，50℃，70℃，90℃，100℃，水開始沸騰了，我想你們已經預料到了。但是然後呢？105℃ 嗎？ 110℃ 嗎？不，並沒有。

溫度會一直保持在 100℃，儘管你們試著加大火力，結果還是一樣，水溫仍然沒有超過 100℃。大家應該也知道，就算用噴火器去燒也是沒用的，在所有的水變成蒸氣之前，它的溫度永遠不會超過 100℃。孩子們，這是你們遇到的第二個熱滯現象。

但是這還沒有結束，如果你們廚房的門窗和我的廚房一樣是密封的，水蒸氣出不去，整個房間就會瀰漫著水蒸氣。

現在水已經完全從鍋裡蒸發了，你們會發現自己被一團水蒸氣淹沒，而鍋是空的，火還在繼續燒著。這個時候已經蒸發成水蒸氣的水又開始升溫了：110℃，120℃，150℃……完美！是時候把火撲滅，離開廚房了，否則要是燒傷了，這本書就沒辦法讀完囉！

現在，我們一起來思考一下：為什麼冰融化或水沸騰時的溫度都沒有上升？是不是有什麼東西把熱量帶走藏起來了？

很好！爐子產生的熱量，其實是被水吸收後，水分子獲得了相應的能量，使連接它們的分子間作用力被一個接一個的破壞了，讓水分子從固體變成液體，然後又從液體變成水蒸氣。

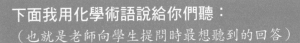

下面我用化學術語說給你們聽：
（也就是老師向學生提問時最想聽到的回答）

它們分別被稱為熔化潛熱和汽化潛熱，也就是 1g 固體在熔化的溫度下熔化所需要的熱量，或是 1g 液體在沸騰的溫度下變成水蒸氣所需要提供的熱量。

6.4 加熱曲線，就像搭手扶梯

拿起你們的筆、紙和尺，我們將為之前的實驗畫一張漂亮的圖表。首先是笛卡兒座標系：在縱座標上寫下溫度 T，在橫座標上寫下時間 t。好吧，好吧，我知道你們可能不太記得笛卡兒座標系了，但別擔心，你們很快就會搞懂的。

我們起點的溫度是零下的溫度，因為一杯合格的莫希托雞尾酒必須是又美味又冰鎮的！等我們到了 0℃ 時溫度保持不變，隨著時間的推移，什麼也沒有發生，呈現一條水平線。

待鍋裡的冰塊全部融化後，溫度開始升高，往上、往上，一直升到 100℃，因為我們把爐子的火開得非常大。在到達

發生在購物中心的物態變化

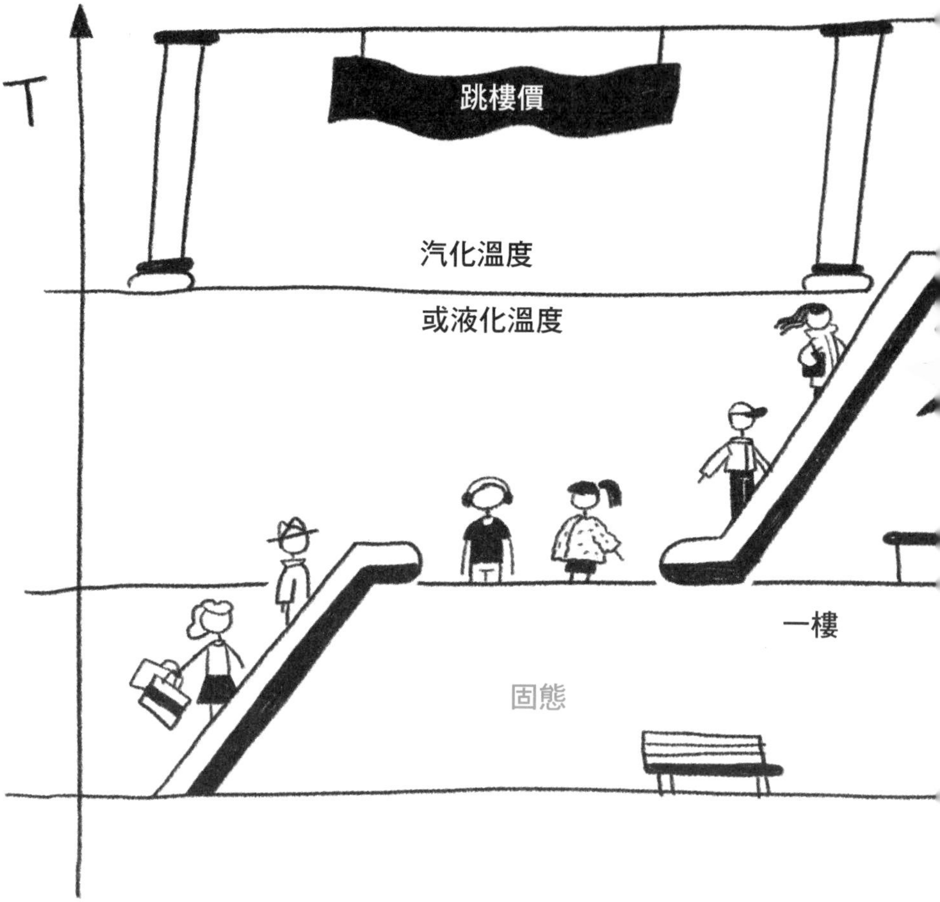

T

跳樓價

汽化溫度

或液化溫度

一樓

固態

100℃時,溫度再一次保持不變,直到所有的水都蒸發掉,溫度才會又開始上升。熱蒸氣的溫度從 110℃,到 150℃,再到 200℃!大家迅速撤離廚房!

　　現在你們仔細觀察這個曲線,不覺得就像是去購物中心的

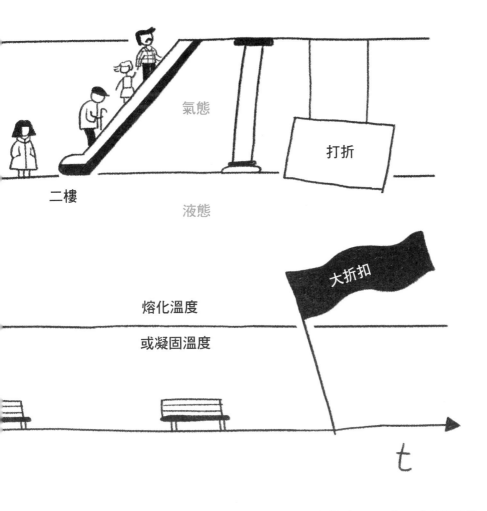

時候嗎？當然，這是一個非常奇怪的購物中心，有一個壞了的
恆溫器，而店鋪樓層的大小和自動扶梯的長度，取決於比熱，
熔化和汽化的潛熱。

別用你們那又大又笨的眼睛看著我！來吧，把你們的自行

車停好，我們一起去兜風。

現在大家想像一下這樣的場景：你們鎖好了自己的自行車，以固體的形式從地下車庫出來，在一樓的商店停了下來，並保持你熔化時的溫度。一旦你們完全熔化了，你們就會像快樂的液體一樣從電扶梯上升到二樓，也就是到達你們蒸發的溫度。你們慢慢的旋轉著，釋放出蒸氣，當所有的液體都蒸發了，你們就會以氣體的形式上升到更高的地方。

叮咚，叮咚！商場就要關門了，你們這些優雅的氣體，慢慢的又回到二樓的液態狀態，通過電扶梯的同時漸漸失去熱量。接著停在你們液化時的溫度上，直到你們完全變成液體；最後在你們凝固的溫度下，又從電扶梯滑回一樓。一旦你們又恢復到固體狀態，就走回地下車庫。但別告訴我，你們自行車的鑰匙忘在蒸氣那一層了！

6.5 凝華與昇華：固態與氣態的直接轉化

大家都知道樟腦丸吧？是啊，就是奶奶在衣櫃裡放的那些又臭又小的球球，不過要小心，它們不僅能趕走飛蛾，可能也

會趕走靠近你的可愛美女唷！

樟腦丸是固體物質，當加熱後會直接變成氣態。這就好像是在購物中心，不用搭電扶梯一層一層上樓，而是乘坐電梯直接到三樓一樣。

下面我用化學術語說給你們聽：
（也就是老師向學生提問時最想聽到的回答）

從固體狀態直接變成氣態的轉化過程叫做「昇華」，而相反的過程叫做「凝華」。

從今天開始，當你們看到草坪上結滿了霜，你們就可以昂首闊步，自豪的說：這是夜間的水蒸氣直接變成了冰；它搭了電梯，跳過了變成液態水的中間過程。

因為固體昇華時，它的蒸氣壓與外部壓力相等，而昇華的一個有效方法，就是降低它的外部壓力。

如果我們降低壓力，冰也會發生昇華現象；我們吃的各種肉鬆，和媽媽做飯時用來調味的固體雞湯塊，就是這樣做出來的。把物質溶入到水中，冷凍，然後用神奇的「抽氣機」使壓

力下降。這樣，所有的冰都昇華了，剩下的就只有泡沫狀的粉末，裡面有之前溶進去的所有物質，但是它脫去了所有的水分，這樣就可以保存很長時間。

恭喜，這一章學完了！雖然有些不可思議，但我們的確已經學完了物態變化。快去把你們獲得的「化學禪宗大師」的獎狀列印出來，掛在桌子上炫耀一下吧。

第七章

7.1　非均勻混合物：由兩種以上不同相態的物質構成

7.2　化學溶液：每個分子都均勻混合

7.3　形成溶液後還能分開嗎？

7.4　溶劑、溶質、溶解度

7.5　濃度：溶液中溶質和溶劑的含量

7.6　飽和溶液：達到最大濃度的溶液

7.7　氣體的壓力只和數量有關

7.8　氣體的溶解度

化學溶液：可能是固態、液態或是氣態

我們真的到了最後一章，關於化學溶液的章節！

7.1 非均勻混合物：由兩種以上不同相態的物質構成

20 滴柳橙飲料，¼ 的大布丁，還有一點蘋果汁。不，這不是愛情藥水的配方，這是我媽媽以前做給我的點心。相信我，千萬別嘗試，太糟糕了。但這正是我們在這一章要做的：把各種東西混合起來！讓我們開始吧。

下面我用化學術語說給你們聽：
（也就是老師向學生提問時最想聽到的回答）

非均勻混合物是由兩種以上不同相態的物質構成，可用物理性方法分離彼此，例如：砂和鐵屑的混合物可用磁鐵分離。

那麼均勻混合物呢？同樣的：

下面我用化學術語說給你們聽：
（也就是老師向學生提問時最想聽到的回答）

均勻混合物是具有相同化學和物理特徵的均勻混合物，肉眼或任何光學系統無法識別均勻混合物的成分。

讓我試著把它翻譯成更容易理解的語言：

1）把兩種物質混合在一起，靜候片刻。

2a）如果混合之後，再也分不清這兩種東西，甚至用老師的顯微鏡也沒辦法，那我就得到了一種同質化的混合物，也就是說，它的每個部分都是一樣的。

2b）如果混合之後，我還能認出它們，例如，它們分布在不同的區域，實際上是產生不同的相態，那麼我就得到了一種異質的混合物。

3）第三點，不，開個玩笑，其實沒有第三點！

從你們的表情我看得出來，你們很疑惑。也許我們需要一些固體、液體和氣體的例子，當它們與其他固體、液體和氣體相混合時，它們要麼彼此相愛，和諧共處；要麼彼此憎恨，甚至一刻都不想待在一起。

當兩種物質混合在一起時，很少能事先知道最後會形成什麼樣的混合物。你們戀愛過嗎？或者你們曾經無緣無故的討厭過一個人嗎？很好，那麼你們就會了解混合本身，比預計得到什麼樣的混合物更容易！

總之，我們所說的混合物是同一種或不同種類的物質之間的混合物。

現在，我知道，下面要看到的這些例子可能已經開始動搖你們的決心了。但是，如果你們能堅持下去，化學考試肯定能拿到高分！

固體+液體

同質混合物：

水和糖、海水、感冒糖漿。

異質混合物：

霜淇淋、防晒霜、果汁、牙膏。請注意，千萬不要在
餐桌上把它們弄混了！

液體+液體

同質混合物：

伏特加和所有的烈酒，汽油和液體燃料。

異質混合物：

牛奶、油漆、蛋黃醬。

這裡的情況要複雜得多，因為我們需要顯微鏡來區分兩種液體，而我向你們保證，這兩種液體肯定互不理睬，分成兩層。

液體+氣體

同質混合物：

所有的蘇打水（其中少量溶解的礦物鹽忽略不計）。

異質混合物：

卡布奇諾、鮮奶油、雲、霧。

氣體+氣體

同質混合物：

空氣或任何其他氣體的混合物。

如果你給它們足夠的時間去了解彼此，它們總是會親密的混合在一起。

異質混合物：

根本不存在，耶！

氣體+固體+液體

同質混合物：

酸橙飲料、橙汁汽水，還有你能想到的所有彩色汽水飲料。

異質混合物：

血液。雖然它看起來只是一種簡單的紅色液體，但它其實是固體鹽+液態水+氧氣+氣態二氧化碳+很多其他物質所組成。

大家把所有的例子都看完了嗎？很好，太棒了！

但我要坦白一件事，我在編寫的時候作弊了。事實上，上面例子中的一些混合物，實際上是膠狀分散體（colloidal dispersion）和懸浮液（suspension）。這是一種介於非均勻混合物和均勻混合物之間的混合物，根據組成這些混合物的顆粒大小以及它們是固體、液體還是氣體，有不同的名稱，如「凝膠」或「氣溶膠」。

好消息是，這些膠體也經常被教授們忽略掉，這可能是因為他們也都不記得這些混合物的名字了。但有一件事你們可以相信：在這本書裡我們不會講到膠體的命名法。這是我的書，我說了算！

大家都了解非均勻混合物了嗎？

太好了，現在你們可以忘掉它們了，因為它們不值得一看。在這一章剩下的內容裡，我們只詳細討論均勻混合物。

我們首先要說的是，均勻混合物有一個更常用的名稱 ——化學溶液。

7.2 化學溶液：每個分子都均勻混合

下面我用化學術語說給你們聽：
（也就是老師向學生提問時最想聽到的回答）

在化學溶液中，物質中的所有分子都被混合得非常均勻。

你們還記得嗎？我們剛剛看到了一大堆化學溶液的例子，當時我們還稱它們為「均勻混合物」。我再舉三個例子來總結一下：

氣體+氣體：例如太陽，它主要由氫氣和氦氣組成，大約5,500℃。

液體+液體：例如爸爸酒櫃裡的那瓶酒，裡面有酒精和水。

固體+固體：例如牙醫補牙用的填充物。

簡而言之，我們在一天中遇到的幾乎每一種物質，都是一種混合物或一種溶液。純物質在任何地方都很難找到，即使是在鐵的蒸餾中，在銀行的金條中，在爺爺的氧氣罐中，也會有雜質、鹽、溼氣或溶解的氣體。事實上，普通人都只會遇到兩種或兩種以上物質的混合物，只有化學家才能接觸到純物質。

7.3 形成溶液後還能分開嗎？

但是，為什麼當兩種化合物混合在一起時會形成溶液呢？它們就不能分開嗎？答案很簡單：不能。

我來告訴你們為什麼。

如果我們在爺爺裝假牙的杯子裡加上一滴墨水，你們可能就得滿屋子逃竄，避免被爺爺扔來的拖鞋砸到。但你們會滿意的看到，墨水並沒有獨善其身，而是把所有的水，當然還有牙齒，都染成鮮亮的藍色。墨水的分子在水中形成了一種溶液，分散在各處。不幸的是，對爺爺來說，即使等上一萬年，它們也不會回到原來的狀態。

透過這種異常複雜的實驗，科學家證明：

在自然界中，一切事物自發演變的最終結果，是達到最高程度的無序和混亂。

他們甚至發明了一個專門用來表示這種雜亂程度的詞，並給它起了一個非常難寫的名字：熵。用符號 S 表示。

系統的無序程度被定義為系統的熵。

所以當兩種不同的化合物混合在一起形成溶液，會增加它們所在系統的混亂和熵。

孩子們，我對小時候的事情還記憶猶新，就像昨天一樣，例如我曾經試圖把我房間裡的混亂歸咎於熵，因為根據一個複雜而不可避免的自然法則，它總是會增加的。不幸的是，當時我的媽媽連一個字都不相信。

但是，如果大家還在處理晶體那一章，自己藏在衣櫥裡的 CD，或者氣體那一章節在電梯裡放的屁，那麼請聽我說，你們可以試著用這張「S」牌來掩護自己，尤其強調一下「自發過程」這個詞。祝你們好運！

7.4 溶劑、溶質、溶解度

紫羅蘭琴酒是一個很典型的溶液。請注意，每一杯琴酒都有相同的物理化學特性，如氣味、顏色、味道、味道、味道，還是味道。好了，是時候放下瓶子了，否則這個溶液樣本要被你喝光了！

酒裡面所含的各種物質，如水、酒精、礦物鹽、色素和上千種的香精，以一種完全均勻的方式混合在一起。我想說的是，一種非常和諧的方式。這都是因為熵！

不幸的是，你們還是要記住下面這些化學定義：

1）溶劑被定義為溶液中含量最多的成分（對於紫羅蘭琴酒，溶劑就是水），溶質被定義為含量最少的成分（或幾種成

分），而在我上面的例子裡，就是除了水之外所有列出來的物質，從酒精到香精。

2）可以溶解在溶劑中溶質的最大數量，稱為溶解度。

3）如果一種物質極易溶於溶劑，則稱為該溶劑的可溶性物質。如果它完全不溶解，則是不溶性物質。

用我們剛剛學到的新術語來總結一下我們前面講過的內容。

下面我用化學術語說給你們聽：
（也就是老師向學生提問時最想聽到的回答）

當溶質顆粒與溶劑顆粒之間的作用力，比這兩者各自之間的作用力更強時，溶質可溶於溶劑。

注意，現在要出現另一個讓人頭疼的詞：在固體溶質粒子和溶劑粒子之間形成新作用力的過程，被稱為溶劑化。對不起，難為你們了，但有些人真的很想知道。

通常人們會想到水溶液，其中水就是溶劑。然而，還有很

多其他的溶劑，例如酒精、三氯乙烯或丙酮，它們被稱為有機溶劑。

問問你們的媽媽或爸爸：若遇到水洗不掉的汙漬，例如口紅、發動機的油漬、墨水，它們可以溶於有機溶劑嗎？是的，沒錯，但是，如果你們的指甲油一不小心沾到了新襯衫上，千萬不要把它浸在汽油裡！

7.5 濃度：溶液中溶質和溶劑的含量

下面我用化學術語說給你們聽：
（也就是老師向學生提問時最想聽到的回答）

溶液的濃度代表溶液中溶質和溶劑的含量。

濃度會告訴我們溶液裡面有多少東西。

現在，為了不遺漏任何成分，讓我告訴你們化學家們主要使用的 5 種表示溶液濃度的方法。

不過我們用的不是常見的、普通的鹽和水，而是用乙醇作為溶劑，碘作為溶質。所以讓我們把一些碘溶解在一杯乙醇溶液中吧。

質量百分濃度（w, %）

它代表了溶質質量與溶液質量之比。

乙醇溶液中含有 5 ％（w）的碘，也就是說每 100 g 的溶液中溶解了 5 g 碘，因此溶液是由 5 g 碘溶質和 95 g（100-5）乙醇溶劑組成的。

當溶劑和溶質均為固體時，通常使用這種方法來表示溶液的濃度。

密度（ρ, %）

乙醇溶液中含有 5 ％（ρ）的碘，也就是說每 100 mL 的
溶液中溶解了 5 g 的碘。

體積百分濃度（φ, %）

它代表了溶質體積與溶液體積之比。

乙醇溶液中含有 5％（φ）的碘，也就是說每 100 mL 的溶液中溶解了 5 mL 的碘，因此溶液是由 5 mL 碘溶質和 95 mL 乙醇溶劑組成的。

當溶質和溶劑均為液體時，通常會用這種方法。例如，如果威士忌的酒精含量為 40 度，則意味著 100 mL 威士忌酒中含有 40 mL 乙醇。

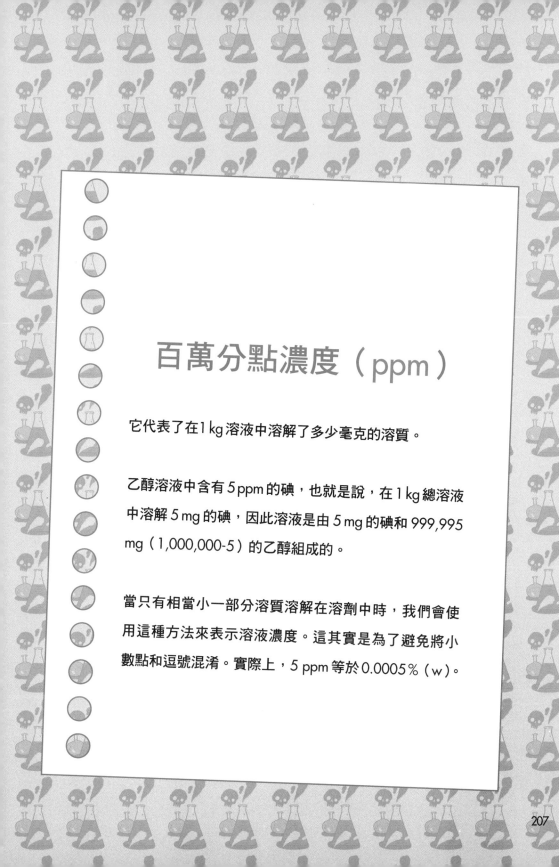

百萬分點濃度（ppm）

它代表了在 1 kg 溶液中溶解了多少毫克的溶質。

乙醇溶液中含有 5 ppm 的碘，也就是說，在 1 kg 總溶液中溶解 5 mg 的碘，因此溶液是由 5 mg 的碘和 999,995 mg（1,000,000-5）的乙醇組成的。

當只有相當小一部分溶質溶解在溶劑中時，我們會使用這種方法來表示溶液濃度。這其實是為了避免將小數點和逗號混淆。實際上，5 ppm 等於 0.0005％（w）。

莫耳濃度（c, mol/L）

它代表了在1L溶液中，溶解了多少莫耳的溶質。

乙醇溶液中含有 5 mol 的碘，也就是說，在1,000 mL 總溶液中溶解了 5 mol 的碘。

最後這個是化學中使用最多的一種濃度表示方法。非常的實用，尤其是如果你們像我們一樣，喜歡在餐桌上給別人留下深刻印象的話。例如：「可以請你遞給我 0.5 mol 的醋嗎？」

現在讓我們來看看桌上礦泉水的標籤，你們會發現礦泉水中所含礦物質的濃度，也可能發現每公升 A 品牌礦泉水含有 5 mg 的鈉離子，也就是 5 mg/kg 的鈉離子含量。那 B 品牌礦泉水中含有多少呢？也許是 70 mg/kg。感到肚子鼓鼓了嗎？當然了，因為你喝了 2 公升的水！

你們還在看什麼？別躲起來，我看到你們了！告訴我，手上那瓶礦泉水裡有多少鈉？

7.6 飽和溶液：達到最大濃度的溶液

對於下一個實驗，你們可能需要一杯咖啡，例如爸爸在午飯後習慣喝的那種。咖啡準備好了嗎？太好了，現在加一匙糖

攪拌一下。你們會看到糖慢慢融化，或者像學過化學的人所說的：完全溶解。

下面我用化學術語說給你們聽：
（也就是老師向學生提問時最想聽到的回答）

溶劑中溶質已達到最大濃度的溶液被稱為飽和溶液。

這和奶奶的聖誕午餐非常相似，自助餐桌上擺滿了美味的開胃菜、各式各樣的主菜、波羅的海炸魚和貽貝。最後甜點上來時，你們都已經吃飽了，或者說飽和了。

下面我用化學術語說給你們聽：
（也就是老師向學生提問時最想聽到的回答）

溶劑中某一種溶質的溶解度，是溶質和溶劑形成的飽和溶液中該溶質的濃度。

溶解度取決於溶質和溶劑的類型，即它們是互相融合還是互相排斥，以及溶液的溫度。正如你們輕易就能想到的那樣，

溫度越高，溶質在溶劑中的溶解越快。

　　例如，在室溫下，最多可將 10 g 的碳酸氫鈉（$NaHCO_3$）溶於 100 g 水。因此，碳酸氫鈉在水中的溶解度不如食鹽，因為同樣數量的水可以溶解 36 g NaCl。

　　然而，如果我們提高溫度，我們也會提高溶液中粒子的能量和運動速度，增加能夠打破固體之間分子鍵的碰撞次數。結果就是：同樣的水溶液中可以溶解更多的碳酸氫鈉。

　　在 60℃下的 100 g 水中，可以溶解 15 g 的碳酸氫鈉。

　　當然，如果我們冷卻它，溶質的溶解度就會下降：例如，在 0℃下， 100 g 的水最多溶解 6 g 的碳酸氫鈉。

　　現在，我要教你們一個簡單的實驗，可以獲得一些漂亮的小蘇打，下次聖誕晚餐時把它們放在口袋裡，幫助你們更好消化，為甜點騰出空間。

　　在熱水中放入 15 g 碳酸氫鈉，耐心攪拌，然後把溶液放在冰箱裡幾個小時。隨著溫度的降低，溶解度降低，你很快就會看到一些漂亮的小蘇打晶體沉澱在容器的底部。把它們從杯子

裡撈出來，讓它們在空氣中晾乾幾天，看看結果如何。

如果溶質是固體，那麼它的形狀也能影響到溶解度的大小。當固體被精細的分解成很小的部分，其溶解過程的速度會加快。

還有一點，你們應該深有體會，攪拌也可以加速溶質的溶解。這樣就更容易形成均勻的均勻混合物，使溶液中的每個部分所溶解的溶質數量相同。

不相信嗎？那麼明天早上吃早餐時，喝杯冰拿鐵，加幾塊方糖，不要攪拌試試看。

如果你們為了等方糖溶化導致自己上學遲到了……。

可別怪我們！

7.7 氣體的壓力只和數量有關

我們已經發現，幾個世紀前的科學家對氣體有一種嗜好，一旦他們遇到氣體，就必須找到能夠控制氣體的定律。對於液體和固體他們根本不在乎，但一談到氣體，科學家們真的是無法控制自己。

這一次輪到英國的道爾頓（John Dalton）先生了，他想成為一名著名的科學家，而他所要做的就是採納我們的朋友亞佛加厥的定律，並在上面加上一些加號。

讓我們從頭開始，大家還記得關於氣體的那一章嗎？道爾頓也做了他的家庭作業，他也知道容器裡的氣體莫耳越多，容器裡的壓力就越大。

$$p=kn$$

道爾頓收集了很多氣體，有一天他覺得無聊，所以就試著把它們混在一起。他很快就發現，所有的氣體都可以混合成各種比例，形成同質的混合物。

我們也已經知道這一點,只是現在我們更喜歡稱之為氣態溶液(或混合氣體)。

以下就是道爾頓的驚人發現:

下面我用化學術語說給你們聽:
(也就是老師向學生提問時最想聽到的回答)

如果兩種或兩種以上的氣體在一個容器中混合,每一種氣體都表現得好像它是唯一存在的氣體,而容器的總壓力是內部每一種氣體的壓力之和。

我知道你們在想什麼:我們的亞佛加厥先生已經知道,每一種氣體的壓力並不取決於你們放入容器中的氣體類型,而僅僅取決於氣態粒子的數量。

事實上,你們將要學習到的定律被稱為道爾頓定律,或混合氣體分壓定律:

$$P_{total} = P_A + P_B + P_C\cdots\cdots$$

而這就是你們要記住的。

補充一下，P_{total} 表示容器內的總壓力，P_A、P_B 和 P_C⋯表示容器中單個氣體的分壓。

而空氣是由不同氣體組成的氣態溶液，其中含有 78.1% 的氮氣、20.9% 的氧氣、0.9% 的氬氣，和剩下含量較低的二氧化碳、氖氣、氙氣和氪氣，我們也可以立即計算出每天從頭頂飄過的氣體分壓。

在 1 標準大氣壓力下，空氣中氧氣部分壓為 0.209 atm。我知道，這一定是你們今天聽到的大新聞。

7.8 氣體的溶解度

我們剛才看到，氣體混合物能以各種可能和想像的方式，毫不費力混合而成。相比之下，氣體卻很少能與固體混合。

事實上，氣態物質通常都非常喜歡獨自飛行。

現在讓我們試著把氣體溶解到液體中。大多數氣體在液體中的溶解度較低，因為要溶解的氣體顆粒必須先打破液體溶劑顆粒之間的分子鍵，然後在液體和氣體之間形成新的鍵，但這並不容易。

例如，氧氣和氮氣不溶於水，因為它們的分子與水分子之間的作用力非常弱。

然而，可以讓氣體順利溶解到液體中的一個簡單而安全的方法，就是增加液體上方的氣體壓力。讓我們拿出一個沒有針

頭的注射器，把它裝滿一半的水，然後抽動活塞，使空氣盡可能多的進來。好了嗎？現在堵住注射器的出口，使勁推動活塞。也就是說，我們在壓縮水和手指之間的空氣。

透過減少空氣的體積，它所包含的氣體只能相互碰撞，或與注射器壁撞擊，或者與水撞擊。在前兩種情況下，什麼也不會發生，但當氣體粒子撞擊水分子時，它們就會進入到水中，溶解到水溶液裡。直到你們把大拇指從活塞上拿開，或者鬆開堵在注射器出口的食指為止，它們都會溶解在水裡。

注意，我好像聞到氣體的臭味了！難道沒有科學家會不辭辛勞的去尋找一項定律來管管它嗎？當然有，這一次是英國人亨利（William Henry），他在兩百年前寫下了他的亨利定律：

下面我用化學術語說給你們聽：
（也就是老師向學生提問時最想聽到的回答）

在一定的溫度條件下，溶解在液體中的氣體數量，與液體溶液中氣體的分壓成正比。

$$S_{gas} = K_H P_{gas}$$

其中，S_{gas} 是指被溶解的氣體的濃度，P_{gas} 是指溶液上方的氣體分壓，K_H 是所有氣體的常數。

還有最後一個你們需要知道的知識：

下面我用化學術語說給你們聽：
（也就是老師向學生提問時最想聽到的回答）

氣體在液體中的溶解度會隨著溫度的升高而降低。

你們肯定已經發現，這個定律用在固體上正好相反。事實上，當我們提高溫度時，固體，例如碳酸氫鈉，會在液體中溶解得更好；氣體則相反。想想看，透過提高溶液的溫度，溶劑和溶質中分子的能量都會增加，進而移動得更快，這樣它們也就能更容易打破分子間作用力。

但是一旦液體和氣體之間的作用力被打破，氣體分子就會盡可能遠離液體，因此液體中的氣體就越來越少。換句話說，溶解度降低了。

所以，亨利定律的常數 K_H 根本不是常數，它對每一種氣體

都有不同的值，同時也取決於溫度。

這是關於氣體在液體中溶解度的最後總結：

下面我用化學術語說給你們聽：
（也就是老師向學生提問時最想聽到的回答）

　　氣體在液體中的溶解度，會隨著氣體分壓，和氣體與液體的分子間作用力增加而提高，同時也隨著溫度的升高而降低。

　　我都能聽到你們像小豬一樣在打哈欠了。所以我建議你們在下次狂歡節上做一個有趣的小實驗，這個實驗叫做神奇泡沫，你需要一瓶可口可樂和一包曼陀珠。

　　現在，打開可樂瓶蓋，放入曼陀珠，把瓶子放在地板上，噢噢噢噢噢噢噢噢，泡沫噴發啦！

　　好了，可以閉上你們因震驚而張大的嘴了，並在媽媽抓到你之前把地板清理乾淨，接著來學習一下原理。

可口可樂是一種碳酸飲料，或者更確切的說，它是一種水溶液，在壓力作用下溶解了二氧化碳，濃度為 0.15 mol/L（哇，我們這裡用到了莫耳濃度！）。

可憐的二氧化碳在水中的溶解度就只有 0.03 mol/L，再想像一下可樂瓶裡的壓力得有多大！至少有 3 atm。這種壓力可以用剛剛學到的亨利定律來計算。

當我們打開可口可樂瓶時，二氧化碳的部分壓力突然從 3 atm 下降到 1 atm。因此，氣體的溶解度也會暫時降低，二氧化碳會以氣泡的形式從溶液中釋放出來。

你們還記得每次打開汽水瓶蓋時出現的聲音吧？嘶嘶嘶。好吧，感謝我們的朋友亨利！

關於亨利定律的部分就到這裡了，但是如果想要一個完整的關於「魔法泡沫」的解釋，你們還需要更進一步學習，不過我很確定這已經不是初階化學課程大綱裡的內容了。

那麼，當我們把曼陀珠放進去時，怎麼解釋從瓶子裡冒出的泡沫呢？就好像二氧化碳沸騰了，帶著可口可樂一起從溶液中衝了出來！

解釋這個現象的原理被稱為「表面張力」，實際上它更像是物理知識而不是化學知識，但如果你們感興趣，我還是會告訴你們的。

水是一種表面張力很大的液體，這意味著氣體很難在它內部形成氣泡。

因此，在正常情況下，二氧化碳為了從溶液中逃出來，它就必須先上升到可樂的表面，然後以氣體的形式出來，於是便釋放出了典型的嘶嘶聲！

有點像蒸發的情況，只是我們說的不是蒸氣，而是氣體。還記得它們的區別吧？

然而，曼陀珠和可口可樂中的某些成分，特別是飲料中的阿斯巴甜和苯甲酸鉀，以及糖果中的阿拉伯膠，都是界面活性物質，這些物質可以降低水的表面張力，從而降低形成氣泡所需的能量。

因此，由於這些界面活性劑的結合，氣泡氣體可以在瓶子裡的任何地方形成，所有在壓力下溶解的二氧化碳都可以同時從溶劑中釋放出來，這就產生了一種神奇的「火山效應」，就

好像可口可樂真的在沸騰一樣。

我想提醒你們的是，廚房裡也有與界面活性劑相同的成分，在任何碳酸飲料中加入它們也會導致完全相同的爆炸，不相信嗎？試著在奶奶的汽水裡加入幾滴洗潔精。搖一搖，砰！這將是一頓熱鬧的聖誕晚餐。

結　語

孩子們，信不信由你們，我們真的讀完了這本書。

這是你們學習化學的第一個重要里程碑，感覺怎麼樣？

如果你們很喜歡讀這本書，或者至少它沒有給你們帶來太多的痛苦；如果它對你們有幫助，讓你們對枯燥的化學有一點改觀，那就去告訴大家這個好消息吧。

無論如何，非常感謝你們如此勇敢和自信的讀到這裡，祝你們在化學之路上好運！

Style 052

名師這樣教 化學秒懂

國中沒聽懂、從此變天書，漫畫＋大白話，基礎觀念一次救回來

作　　　者／拉法艾拉‧克雷先茨（Raffaella Crescenzi）、
　　　　　　羅伯托‧文森茨（Roberto Vincenzi）
譯　　　者／周夢琪
責任編輯／張祐唐
校對編輯／張慈婷
美術編輯／林彥君
副總編輯／顏惠君
總 編 輯／吳依瑋
發 行 人／徐仲秋
會　　計／許鳳雪
版權經理／郝麗珍
行銷企劃／徐千晴
業務助理／李秀蕙
業務專員／馬絮盈、留婉茹
業務經理／林裕安
總 經 理／陳絜吾

國家圖書館出版品預行編目（CIP）資料

名師這樣教 化學秒懂：國中沒聽懂、從此變天
書，漫畫＋大白話，基礎觀念一次救回來／拉
法艾拉‧克雷先茨（Raffaella Crescenzi）、羅伯
托‧文森茨（Roberto Vincenzi）著；周夢琪譯 --
初版 . -- 臺北市：大是文化有限公司，2021.09
224 面；17×23 公分 . --（Style；52）
譯自：Chimica Chepàlle
ISBN 978-986-0742-01-5（平裝）

1. 化學　　2. 通俗作品

340　　　　　　　　　　　　110005951

出 版 者／大是文化有限公司
　　　　　　臺北市 100 衡陽路 7 號 8 樓
　　　　　　編輯部電話：（02）23757911
　　　　　　購書相關諮詢請洽：（02）23757911 分機 122
　　　　　　24 小時讀者服務傳真：（02）23756999
　　　　　　讀者服務 E-mail：haom@ms28.hinet.net
　　　　　　郵政劃撥帳號：19983366　戶名：大是文化有限公司

法律顧問／永然聯合法律事務所
香港發行／豐達出版發行有限公司 Rich Publishing & Distribution Ltd
　　　　　　地址：香港柴灣永泰道 70 號柴灣工業城第 2 期 1805 室
　　　　　　　　　 Unit 1805,Ph .2,Chai Wan Ind City,70 Wing Tai Rd,Chai Wan,Hong Kong
　　　　　　Tel：2172-6513　Fax：2172-4355
　　　　　　E-mail：cary@subseasy.com.hk

封面設計、內頁排版／林雯瑛
印　　刷／鴻霖印刷傳媒股份有限公司
出版日期／2021 年 9 月初版
定　　價／新臺幣 380 元（缺頁或裝訂錯誤的書，請寄回更換）
Ｉ Ｓ Ｂ Ｎ／978-986-0742-01-5（平裝）
電子書ＩＳＢＮ／9789860742756（PDF）
　　　　　　　　9789860742770（EPUB）